本書の特色と使い方

JN094505

自分で問題を解く力がつきます

教科書の学習内容をひとつひとつ丁寧に自分の力で解いていくことができるよう，解き方の見本やヒントを入れています。自分で問題を解く力がつき，楽しく確実に学習を進めていくことができます。

本書をコピー・印刷して教科書の内容をくりかえし練習できます

計算問題などは型分けした問題をしっかり学習したあと，いろいろな型を混合して出題しているので，学校での学習をくりかえし練習できます。
学校の先生方はコピーや印刷をして使えます。（本書 P112 をご確認ください）

学ぶ楽しさが広がり勉強がすきになります

計算問題は，めいろなどを取り入れ，楽しんで学習できるよう工夫しました。
楽しく学んでいるうちに，勉強がすきになります。

「ふりかえりテスト」で力だめしができます

「練習のページ」が終わったあと，「ふりかえりテスト」をやってみましょう。
「ふりかえりテスト」でできなかったところは，もう一度「練習のページ」を復習すると，力がぐんぐんついてきます。

スタートアップ解法編 6年　目次

対称な図形 (1)
線対称

名前 _____

① 下の図を見て、□にあてはまることばを ⬚ から選んで
書きましょう。

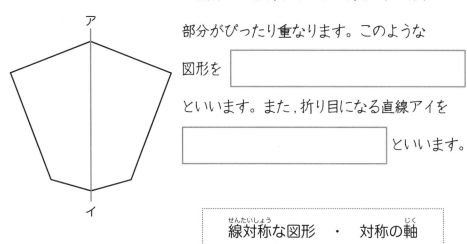

直線アイを折り目にして折ると、両側の

部分がぴったり重なります。このような

図形を ⬚

といいます。また、折り目になる直線アイを

⬚ といいます。

⬚ 線対称な図形 ・ 対称の軸

② 下の図は、線対称な図形です。対称の軸をひきましょう。

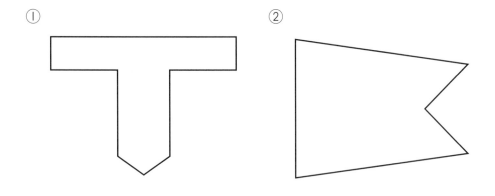

① ②

対称な図形 (2)
線対称

名前 _____

● 下の図は、直線アイを対称の軸とする線対称な図形です。
次の問いに答えましょう。

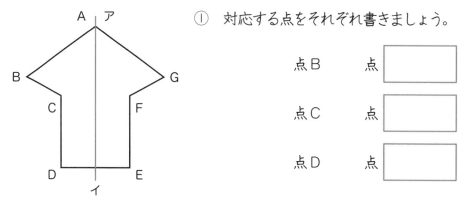

① 対応する点をそれぞれ書きましょう。

点B　点 ⬚

点C　点 ⬚

点D　点 ⬚

② 対応する辺をそれぞれ書きましょう。

辺AB　辺 ⬚

辺BC　辺 ⬚

辺CD　辺 ⬚

⬚ 対称の軸で
折ったときに
重なる点、辺、角を
それぞれ対応する
点、辺、角というね。

③ 対応する角をそれぞれ書きましょう。

角G　角 ⬚

角F　角 ⬚

角E　角 ⬚

対称な図形（3）

● 下の線対称（せんたいしょう）な図形について調べましょう。

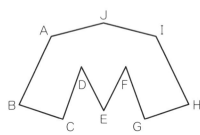

① 対象の軸（じく）を図にかき入れましょう。

② 次の点に対応する点を □ に
書きましょう。

点A　　点 [　　　]

点C　　点 [　　　]

点D　　点 [　　　]

③ 点A,点C,点Dとそれに対応する点をそれぞれ直線で結びましょう。

④ ③の直線と対称の軸はどのように交わっていますか。

[　　　　　　　]に交わる

⑤ 次の辺に対応する辺を書きましょう。

辺AB　辺 [　　　]　　　辺FE　辺 [　　　]

⑥ 対応する2本の辺の長さは，等しいですか。等しくないですか。

[　　　　　　　]

対称な図形（4）

● 下の線対称（せんたいしょう）な図形について調べましょう。

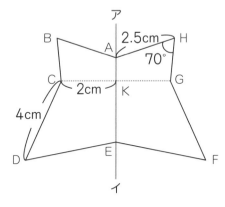

① 辺GFは何cmですか。

[　　　　　　　]

② 辺ABは何cmですか。

[　　　　　　　]

③ 角Bは何度ですか。

[　　　　　　　]

④ 直線GKは何cmですか。

[　　　　　　　]

線対称な図形では，
対応する辺の長さや
対応する角の大きさは
等しいね。

線対称クイズ

☆線対称でないマークの記号に○をつけましょう。

A 東京都 　　B 滋賀県 　　C 神奈川県

対称な図形（5）

線対称

① 直線アイを対称の軸とした，線対称な図形を①～③の順に
かきましょう。

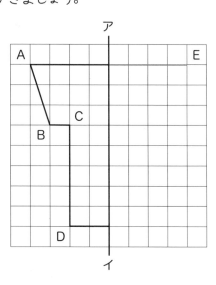

① 点 A に対応する点 E を
とります。

※ 点 A から対称の軸までの長さと，
点 E から対称の軸までの長さは
同じです。

② 点 B, 点 C, 点 D それぞれに
対応する点 F，G，H を
とります。

③ とった点を直線でつないで，
線対称な図形をかきましょう。

② 直線アイを対称の軸とした，線対称な図形をかきましょう。

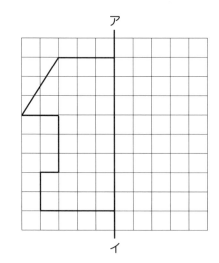

対称な図形（6）

線対称

① 直線アイを対称の軸とした，線対称な図形を①～④の順に
かきましょう。

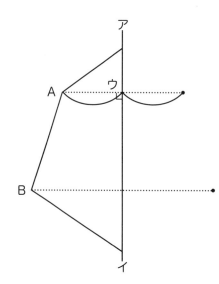

① 図の点線のように点 A から対称の
軸に垂直な直線をひき，それを
のばします。

② 点 A からウまでと同じ長さになる
ところに，点 A に対応する点をとり
ます。

③ 同じようにして，点 B に対応する点
をとります。

④ とった点をつなぎ，線対称な図形
をかきましょう。

② 直線アイを対称の軸とした，線対称な図形をかきましょう。

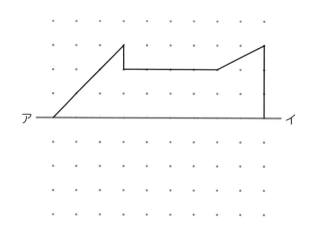

対称な図形（7）

● 下の図を見て答えましょう。

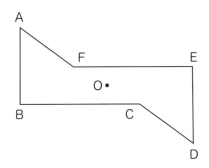

① □にあてはまることばを
　□から選んで書きましょう。

　左の図は，点 O を中心にして
　□ 度回転すると，もとの
形にぴったり重なります。

　このような図形を □ な
図形といいます。

　中心の点 O を □
といいます。

点対称　・　対称の中心　・　90　・　180

② 次の点や辺に対応する点，対応する辺をそれぞれ書きましょう。

【対応する点】　　点A　　　点 □

　　　　　　　　点C　　　点 □

【対応する辺】　　辺AB　　辺 □

　　　　　　　　辺BC　　辺 □

対称な図形（8）

● 下の点対称な図形について調べましょう。

① 対応する2つの点をそれぞれ直線で結びましょう。

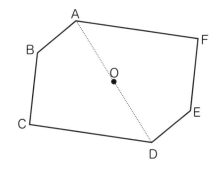

② 対応する2つの点を結んだ直線はどこで交わりますか。

□

③ 直線 AO は 3 cm です。直線 DO は 何 cm ですか。

④ 直線 FO は 4cm です。直線 CO は何 cm ですか。

対称の中心から，対応する2つの点までの長さは等しい。

対称な図形 （9）

点対称

名前 _____

● 下の点対称な図形について調べましょう。

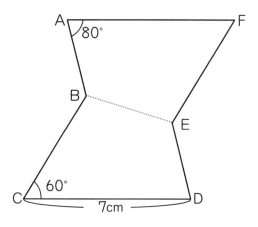

① 対応する 2 つの点をそれぞれ直線で結びましょう。

② 対称の中心 O を図にかきましょう。

対応する 2 つの点を結ぶ直線は
対称の中心を通ったね。

③ 直線 AO は 5cm です。直線 DO は何 cm ですか。

④ 次の辺の長さと角の大きさを書きましょう。

辺AF _____　　　　角D _____

対称の中心から，対応する 2 つの点までの長さは等しい。

対称な図形 （10）

点対称

名前 _____

● 下の点対称な図形（平行四辺形）について調べましょう。

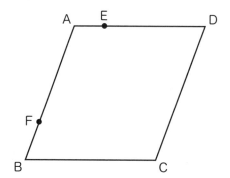

① 対応する 2 つの点をそれぞれ直線で結びましょう。

② 対称の中心 O を図にかきましょう。

③ 点 E から対称の中心 O を通る直線をひき，点 E に対応する点 G を
図にかきましょう。

④ 点 F から対称の中心 O を通る直線をひき，点 F に対応する点 H を
図にかきましょう。

⑤ 直線 EO は 3cm です。直線 EG は何 cm ですか。

対称な図形 （11）

点対称

名前 _____

① 点 O を対称の中心とした点対称な図形を①〜③の順にかきましょう。

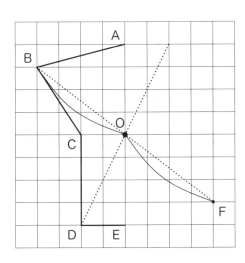

① 点 A に対応する点は点 E です。

② 次に，点 B から対称の中心点 O を通る直線をひき，点 B から中心までと同じ長さのところに点 F をとります。

③ 同じように点 C，点 D に対応する点 G，点 H をとり，直線でつなぎましょう。

② 点 O を対称の中心とした点対称な図形をかきましょう。

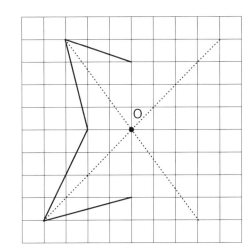

対称な図形 （12）

点対称

名前 _____

● 点 O を対称の中心とした点対称な図形を①〜④の順にかきましょう。

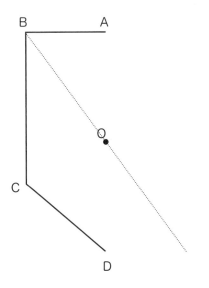

① 点 A に対応する点は点 D です。

② 点 B から点 O を通る直線をひき，直線 BO と同じ長さのところに，点 B に対応する点をとります。

③ ②と同じようにして，点 C に対応する点をとります。

④ 点を直線で結び，点対称な図を仕上げましょう。

対称図形クイズ

☆線対称のマークにはAを，点対称のマークにはBを，線対称でも点対称でもあるマークにはCを □ に書きましょう。

ア 灯台	イ 郵便局	ウ 道路標識	エ 発電所

● 点 O を対称の中心とした点対称な図形をかきましょう。

①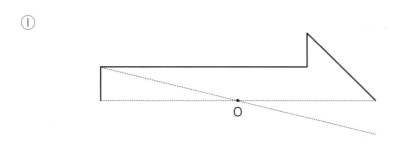

②

● 点対称な図形を通って進みましょう。

スタート

島根県　ほじょ犬マーク

車両通行止　優先道路

大分県　埼玉県　寺院

病院　ヘルプマーク

ゴール

8

[1]　次の正多角形は線対称です。対称の軸をすべて図にかき，対称の軸が何本になるかを □ に書きましょう。

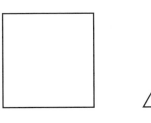
正方形
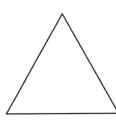
正三角形
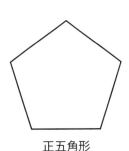
正五角形

本　　　本　　　本

[2]　次のうち，点対称な図形はどれですか。点対称な図形には □ に○をつけ，対称の中心 O を図にかきましょう。

正方形
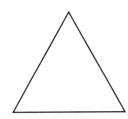
正三角形
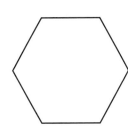
正六角形

[1]　次の3つの四角形は，線対称な図形ですか。線対称な図形には（　）に○をつけ，対称の軸をすべて図にかきましょう。
そして，対称の軸が何本になるかを下の □ に書きましょう。

平行四辺形（　　）　　　長方形（　　）　　　ひし形（　　）

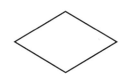

本　　　本　　　本

[2]　次の3つの四角形は，点対称な図形ですか。点対称な図形には（　）に○をつけ，対称の中心 O を図にかきましょう。

平行四辺形（　　）　　　長方形（　　）　　　ひし形（　　）

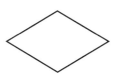

対称な図形（17）

名前 _____

① 次の四角形について調べましょう。

		線対称 ○×	対称の 軸の数	点対称 ○×
正方形	☐	○	4	○
長方形	▭			
平行四辺形	▱			
ひし形	◇			

② 円について，合っていれば○，まちがっていれば×をつけましょう。

① 円は，線対称な図形です。 ☐

② 円は，点対称な図形です。 ☐

③ 対称の軸の数は，無数にあります。 ☐

対称な図形（18）

名前 _____

● 正多角形と円について，表にまとめましょう。

		線対称 ○×	対称の 軸の数	点対称 ○×
正三角形	△	○	3	×
正方形	☐			
正五角形	⬠			
正六角形	⬡			
正七角形	⬢			
正八角形	⯃			
円	○			

ふりかえりテスト　対称な図形

名前 _____

1 下の線対称な図形を見て答えましょう。

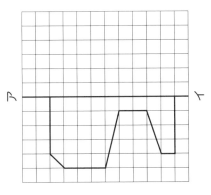

① 対称の軸を図にかきましょう。(7)

② 次の点に対応する点を書きましょう。(5×2)
　点B　点 [　　]　　点G　点 [　　]

③ 次の辺に対応する辺を書きましょう。(5×2)
　辺BC　辺 [　　]　　辺GH　辺 [　　]

2 下の点対称な図形を見て答えましょう。

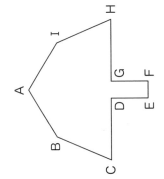

① 対称の中心Oを図にかきましょう。(8)

② 次の点に対応する点を書きましょう。(5×2)
　点A　点 [　　]　　点C　点 [　　]

③ 次の辺に対応する辺を書きましょう。(5×2)
　辺BC　辺 [　　]　　辺HA　辺 [　　]

④ 直線BOは3cmです。直線FOは何cmですか。(5)
　[　　]cm

3 直線アイを対称の軸として、線対称な図形をかきましょう。(10)

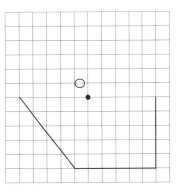

4 点Oを中心とした、点対称な図形をかきましょう。(10)

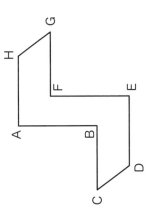

5 正三角形、正方形は線対称な図形です。それぞれ対称の軸をすべて図にかきましょう。(5×2)

正三角形　　　　　正方形

6 次の四角形は点対称な図形ですか。点対称な図形であれば( )に○をつけて、対称の中心Oを図にかきましょう。(5×2)

平行四辺形 (　　)　　(　　) ひし形 (　　)

文字と式（1）

名前 _____

● 1個30円のあめを何個か買ったときの代金を表す式を書きましょう。

① 次の個数のときの代金を求める式を書きましょう。

	1個の値段		個数
1個のとき	30	×	1
2個のとき	30	×	☐
3個のとき	☐	×	☐
4個のとき	☐	×	☐
☐個のとき	☐	×	☐

1個の値段の30（円）は変わらないね。

② あめを x 個買ったときの代金を表す式を書きましょう。

x 個のとき ☐ × ☐

③ 個数 x が，10個と15個のときの代金を求めましょう。

10個　式

答え _____

15個　式

答え _____

文字と式（2）

名前 _____

● 1個150円のマドレーヌを何個か120円のふくろにつめて買ったときの代金を求める式を書きましょう。

① 次の個数のときの代金を求める式を書きましょう。

	1個の値段		個数		ふくろの値段
1個のとき	150	×	1	+	120
2個のとき	150	×	☐	+	120
3個のとき	☐	×	☐	+	☐
4個のとき	☐	×	☐	+	☐

変わる数はマドレーヌの個数だね。

② マドレーヌが x 個のときの代金を表す式を書きましょう。

x 個のとき ☐ × ☐ + ☐

③ 個数 x が，20個のときの代金を求めましょう。

②の式にあてはめて計算しよう。

式

答え _____

文字と式 (3)

名前

● 高さが 5cm の平行四辺形の底辺の長さと面積の関係を表す式を書きましょう。

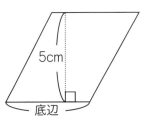

① 平行四辺形の面積を求める式を書きましょう。

底辺 × ⬚ = 平行四辺形の面積

② 底辺が次の長さのときの面積を，式を書いて求めましょう。

	底辺		高さ		面積	
1cm のとき	1	×	5	=	5	(cm²)
2cm のとき	⬚	×	5	=	⬚	(cm²)
5cm のとき	⬚	×	5	=	⬚	(cm²)
$x$cm のとき	x	×	5	=	y	(cm²)

③ 底辺を x，面積を y として，x と y の関係を表した式を書きましょう。

⬚

④ x の値が 3.4 と 12 のときの対応する y の値をそれぞれ求めましょう。

㋐ 3.4　　式

答え＿＿＿＿＿＿＿＿＿

㋑ 12　　式

答え＿＿＿＿＿＿＿＿＿

文字と式 (4)

名前

● 1パック 200mL 入りの牛乳が x パックあります。牛乳全部の量を ymL として，x と y の関係を式に表しましょう。

① ⬚ にあてはまる数や文字を入れて式を完成させましょう。

⬚ × ⬚ = y

② x の値（牛乳パックの数）を 5, 8, 12 としたとき，それに対応する y の値（牛乳全部の量）を求めましょう。

㋐ 5　　式

答え＿＿＿＿＿＿＿＿＿

㋑ 8　　式

答え＿＿＿＿＿＿＿＿＿

㋒ 12　　式

答え＿＿＿＿＿＿＿＿＿

③ y の値が 3000 になるときの，x の値を求めましょう。

式

200×x＝y の式にあてはめてみよう。

答え＿＿＿＿＿＿＿＿＿

13

文字と式 (5)

名前 _____

● 次の場面の x と y の関係を式に表しましょう。

① みかん1個の値段は x 円です。3個買ったときの代金は y 円です。

$\boxed{}$ × $\boxed{}$ = y

② 1個200円の消しゴムを x 個買いました。代金は y 円です。

$\boxed{}$ × $\boxed{}$ = $\boxed{}$

③ 縦が x cm で、横が12cm の長方形の面積は、y cm² です。

$\boxed{}$ × $\boxed{}$ = $\boxed{}$

x cm $\boxed{y\text{cm}^2}$
12cm

④ 1パック x mL 入りのジュースが10パックあります。ジュースは全部で y mL です。

$\boxed{}$ × $\boxed{}$ = $\boxed{}$

⑤ 1個120円のおにぎりを x 個と110円のお茶を1本買いました。代金は y 円です。

$\boxed{}$ × $\boxed{}$ + $\boxed{}$ = $\boxed{}$

文字と式 (6)

名前 _____

① 次の式で表される場面を下の⑦, ④, ⑨から選んで, 記号を $\boxed{}$ に書きましょう。

① $x + 8 = y$　　② $x - 8 = y$　　③ $x \times 8 = y$

$\boxed{}$　　　　$\boxed{}$　　　　$\boxed{}$

⑦ 底辺が x cm、高さが8cm の平行四辺形の面積は y cm² です。

④ x dL の水が入ったやかんに8dL の水を入れると y dL です。

⑨ x cm のリボンから8cm 切り取ると残りは y cm です。

② 右の絵で, えん筆1本の値段を x 円としたとき, 次の⑦, ④の式は, それぞれ何を表しているかを説明しましょう。

えん筆
1本 x 円

⑦　$x \times 8$

消しゴム
1個150円

④　$x \times 5 + 150 \times 2$

14

ふりかえりテスト ☀️ 🔲 文字と式

名前 _____

---

① 1個 x 円のオレンジを8個買うと、代金は y 円になります。

① x と y の関係を式に表しましょう。(10)

[　　　　　　]

② x の値が 90, 120 のときの、y の値をそれぞれ求めましょう。(10×2)

⑦ 90

式

答え _____

④ 120

式

答え _____

③ y の値が 1440 のときの、x の値を求めましょう。(10)

式

答え _____

② 次の場面の x と y の関係を式に表しましょう。(10×5)

① 1ふくろ12枚入りのクッキーが x ふくろあります。クッキーは全部で y 枚です。

[　　　　　　]

---

② 底辺が6cm、高さが x cm の平行四辺形の面積は y cm² です。

[　　　　　　]

③ 1個 x 円のチョコレートを5個買ったときの代金は y 円です。

[　　　　　　]

④ 直径が x cm の円の、円周の長さは y cm です。

[　　　　　　]

⑤ 1個 300g のりんご x 個を 150g のかごに入れた全体の重さは y g です。

[　　　　　　]

③ 次の式で表される場面を下の⑦、④、⑦から選んで、記号を □ に書きましょう。(10)

① 30 ＋ x ＝ y 　□

② 30 － x ＝ y 　□

③ 30 × x ＝ y 　□

⑦ 30dL のジュースをみんなで x dL 飲むと、残りは y dL になります。

④ 1個 30円のガムと x 円のアイスクリームを買うと、代金は y 円です。

⑦ 縦が 30cm で、横が x cm の長方形の面積は y cm² です。

$$\frac{2}{7} \times 3 = \frac{\boxed{2} \times \boxed{3}}{7}$$

$$= \frac{\boxed{6}}{7}$$

分数に整数をかける計算は，
分母はそのままにして，
分子にその整数をかけます。

① $\dfrac{1}{7} \times 4 = \dfrac{\boxed{} \times \boxed{}}{7}$

$= \dfrac{\boxed{}}{7}$

② $\dfrac{3}{5} \times 2 = \dfrac{\boxed{} \times \boxed{}}{5}$

$= \dfrac{\boxed{}}{5}$

③ $\dfrac{5}{8} \times 3$

④ $\dfrac{1}{6} \times 5$

⑤ $\dfrac{2}{9} \times 7$

⑥ $\dfrac{3}{4} \times 9$

⑦ $\dfrac{2}{5} \times 6$

⑧ $\dfrac{3}{8} \times 7$

$$\frac{5}{6} \times 3 = \frac{5 \times \cancel{3}\,\boxed{1}}{\cancel{6}\,\boxed{2}}$$

$$= \frac{\boxed{5}}{\boxed{2}}$$

約分ができるときは，
計算のと中で約分してから
計算すると簡単だよ。

① $\dfrac{3}{8} \times 4 = \dfrac{3 \times \cancel{4}\,\boxed{}}{\cancel{8}\,\boxed{}}$

$= \dfrac{\boxed{}}{\boxed{}}$

② $\dfrac{3}{2} \times 8 = \dfrac{3 \times \cancel{8}\,\boxed{}}{\cancel{2}\,\boxed{}}$

$= \boxed{}$

③ $\dfrac{5}{6} \times 9$

④ $\dfrac{6}{7} \times 14$

⑤ $\dfrac{4}{9} \times 3$

⑥ $\dfrac{7}{10} \times 15$

答えの大きい方を通ってゴールしましょう。通った答えを下の［　］に書きましょう。

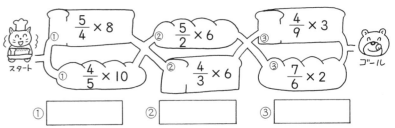

① $\dfrac{5}{4} \times 8$ / ① $\dfrac{4}{5} \times 10$
② $\dfrac{5}{2} \times 6$ / ② $\dfrac{4}{3} \times 6$
③ $\dfrac{4}{9} \times 3$ / ③ $\dfrac{7}{6} \times 2$

①［　　　　］　②［　　　　］　③［　　　　］

分数のかけ算・わり算 ① (3)
分数×整数

名前 ___

● 次の計算をしましょう。約分できるものは約分しましょう。

① $\dfrac{7}{5} \times 2$

② $\dfrac{8}{7} \times 3$

③ $\dfrac{5}{4} \times 6$

④ $\dfrac{3}{4} \times 7$

⑤ $\dfrac{25}{18} \times 6$

⑥ $\dfrac{17}{12} \times 6$

⑦ $\dfrac{9}{10} \times 5$

⑧ $\dfrac{11}{6} \times 7$

⑨ $\dfrac{17}{15} \times 3$

⑩ $\dfrac{15}{16} \times 8$

分数のかけ算・わり算 ① (4)
帯分数×整数

名前 ___

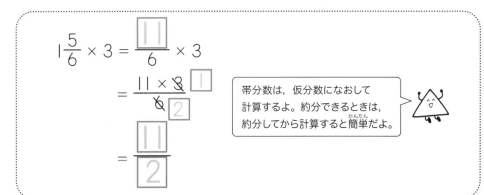

$$1\dfrac{5}{6} \times 3 = \dfrac{\boxed{11}}{6} \times 3$$

$$= \dfrac{11 \times \cancel{3}^{\boxed{1}}}{\cancel{6}_{\boxed{2}}}$$

$$= \dfrac{\boxed{11}}{\boxed{2}}$$

帯分数は，仮分数になおして計算するよ。約分できるときは，約分してから計算すると簡単だよ。

● 次の計算をしましょう。約分できるものは約分しましょう。

① $1\dfrac{4}{9} \times 6$

② $2\dfrac{1}{4} \times 8$

③ $1\dfrac{5}{8} \times 12$

④ $2\dfrac{2}{7} \times 5$

⑤ $2\dfrac{4}{15} \times 5$

⑥ $3\dfrac{1}{6} \times 18$

⑦ $3\dfrac{1}{4} \times 2$

⑧ $1\dfrac{5}{9} \times 4$

分数のかけ算・わり算 ① (5)

分数÷整数（約分なし）

名前 _____

$$\frac{5}{7} \div 3 = \frac{5}{7 \times \boxed{3}}$$

$$= \frac{5}{\boxed{21}}$$

分数を整数でわる計算は，
分子はそのままにして，
分母にその整数をかけます。

① $\frac{1}{5} \div 2 = \frac{1}{5 \times \boxed{}}$

$= \dfrac{\boxed{}}{\boxed{}}$

② $\frac{4}{3} \div 7 = \frac{4}{3 \times \boxed{}}$

$= \dfrac{\boxed{}}{\boxed{}}$

③ $\frac{7}{2} \div 4$

④ $\frac{5}{6} \div 3$

⑤ $\frac{3}{8} \div 2$

⑥ $\frac{2}{5} \div 3$

⑦ $\frac{1}{6} \div 9$

⑧ $\frac{7}{4} \div 5$

分数のかけ算・わり算 ① (6)

分数÷整数（約分あり）

名前 _____

$$\frac{5}{6} \div 10 = \frac{\cancel{5}^{\boxed{1}}}{6 \times \cancel{10}_{\boxed{2}}}$$

$$= \frac{\boxed{1}}{\boxed{12}}$$

約分ができるときは，
計算のと中で
約分してから
計算すると簡単だよ。

① $\frac{8}{7} \div 12 = \frac{\cancel{8}^{\boxed{}}}{7 \times \cancel{12}}$

$= \dfrac{\boxed{}}{\boxed{}}$

② $\frac{9}{5} \div 15 = \frac{\cancel{9}^{\boxed{}}}{5 \times \cancel{15}^{\boxed{}}}$

$= \dfrac{\boxed{}}{\boxed{}}$

③ $\frac{3}{8} \div 9$

④ $\frac{7}{3} \div 14$

⑤ $\frac{12}{5} \div 16$

⑥ $\frac{18}{13} \div 9$

答えの大きい方を通ってゴールしましょう。通った答えを下の □ に書きましょう。

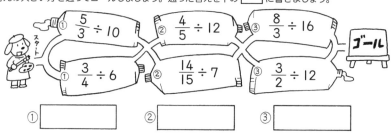

① _____   ② _____   ③ _____

18

分数÷整数

● 次の計算をしましょう。約分できるものは約分しましょう。

① $\dfrac{7}{8} \div 5$

② $\dfrac{4}{3} \div 8$

③ $\dfrac{15}{7} \div 9$

④ $\dfrac{11}{9} \div 3$

⑤ $\dfrac{6}{5} \div 8$

⑥ $\dfrac{14}{9} \div 7$

⑦ $\dfrac{12}{7} \div 6$

⑧ $\dfrac{5}{4} \div 10$

⑨ $\dfrac{9}{8} \div 4$

⑩ $\dfrac{6}{7} \div 15$

帯分数÷整数

$$2\dfrac{2}{3} \div 2 = \dfrac{8}{3} \div 2$$

$$= \dfrac{\overset{4}{\cancel{8}}}{3 \times \underset{1}{\cancel{2}}}$$

$$= \dfrac{4}{3}$$

まずは，帯分数を仮分数になおして計算するよ。約分できるときは，忘れずにしよう。

● 次の計算をしましょう。約分できるものは約分しましょう。

① $3\dfrac{1}{2} \div 6$

② $2\dfrac{4}{7} \div 9$

③ $1\dfrac{1}{8} \div 6$

④ $4\dfrac{2}{3} \div 7$

⑤ $2\dfrac{5}{6} \div 3$

⑥ $2\dfrac{2}{9} \div 5$

⑦ $3\dfrac{1}{4} \div 6$

⑧ $1\dfrac{5}{9} \div 7$

分数のかけ算・わり算 ① (9)

名前

1　3dL でかべを $1\frac{4}{5}$ m² ぬれるペンキがあります。

このペンキ 1dL では，かべを何 m² ぬることができますか。

式

1あたり量を
求めるのは
わり算だね。

答え _____

2　ジュースが $\frac{7}{8}$ dL 入ったペットボトルが4本あります。

全部で何 dL ありますか。

式

全体の量を
求めるのは
かけ算だね。

答え _____

3　$\frac{9}{10}$ kg のさとうを6つのふくろに等分します。

1ふくろは何 kg になりますか。

式

答え _____

ふりかえりシート

名前

分数のかけ算・わり算 ①

1　次の計算をしましょう。

①　$\frac{5}{7} \times 3$

②　$\frac{3}{8} \times 6$

③　$2\frac{2}{9} \times 12$

④　$\frac{2}{3} \div 8$

⑤　$\frac{9}{10} \div 6$

⑥　$1\frac{2}{3} \div 5$

2　1m の重さが $\frac{5}{3}$ kg のパイプがあります。

このパイプ 6m の重さは何 kg ですか。

式

答え _____

3　$2\frac{1}{4}$ L のジュースがあります。3人で等分すると，

1人あたり何 L ずつになりますか。

式

答え _____

分数のかけ算 （1）

約分なし

名前

$$\frac{1}{5} \times \frac{3}{4} = \frac{\boxed{1} \times \boxed{3}}{\boxed{5} \times \boxed{4}}$$

分数に分数をかける計算は，分母どうし，分子どうしをかけるよ。

$$\frac{\bigcirc}{\square} \times \frac{\diamondsuit}{\triangle} = \frac{\bigcirc \times \diamondsuit}{\square \times \triangle}$$

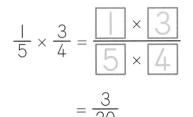

$$= \frac{3}{20}$$

① $\frac{2}{3} \times \frac{2}{5} = \frac{\boxed{} \times \boxed{}}{\boxed{} \times \boxed{}} = \frac{\boxed{}}{\boxed{}}$

② $\frac{1}{4} \times \frac{3}{7} = \frac{\boxed{} \times \boxed{}}{\boxed{} \times \boxed{}} = \frac{\boxed{}}{\boxed{}}$

③ $\frac{5}{8} \times \frac{1}{6}$

④ $\frac{2}{7} \times \frac{4}{9}$

⑤ $\frac{3}{4} \times \frac{7}{8}$

⑥ $\frac{1}{2} \times \frac{3}{10}$

分数のかけ算 （2）

約分あり

名前

$$\frac{3}{8} \times \frac{2}{9} = \frac{\boxed{1}\;\cancel{3} \times \cancel{2}\;\boxed{1}}{\boxed{4}\;\cancel{8} \times \cancel{9}\;\boxed{3}}$$

3と9, 2と8でそれぞれ約分できるね。

$$= \frac{\boxed{1}}{\boxed{12}}$$

① $\frac{2}{7} \times \frac{5}{6} = \frac{\boxed{}\;\cancel{2} \times 5}{7 \times \cancel{6}\;\boxed{}} = \frac{\boxed{}}{\boxed{}}$

② $\frac{3}{4} \times \frac{2}{5} = \frac{3 \times \cancel{2}\;\boxed{}}{\boxed{}\;\cancel{4} \times 5} = \frac{\boxed{}}{\boxed{}}$

③ $\frac{5}{8} \times \frac{4}{15}$

④ $\frac{2}{3} \times \frac{5}{6}$

⑤ $\frac{4}{9} \times \frac{5}{12}$

⑥ $\frac{3}{5} \times \frac{10}{11}$

分数のかけ算（3）

約分なし・あり

名前

● 次の計算をしましょう。

① $\dfrac{3}{4} \times \dfrac{3}{5}$

② $\dfrac{5}{2} \times \dfrac{9}{10}$

③ $\dfrac{3}{7} \times \dfrac{1}{3}$

④ $\dfrac{8}{11} \times \dfrac{5}{12}$

⑤ $\dfrac{10}{9} \times \dfrac{3}{5}$

⑥ $\dfrac{7}{15} \times \dfrac{5}{4}$

答えの大きい方を通ってゴールしましょう。通った答えを下の □ に書きましょう。

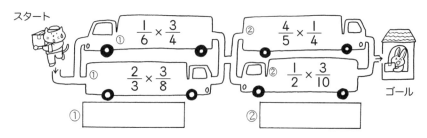

分数のかけ算（4）

約分なし・あり

名前

● 次の計算をしましょう。

① $\dfrac{8}{5} \times \dfrac{5}{4}$

② $\dfrac{5}{6} \times \dfrac{5}{7}$

③ $\dfrac{3}{10} \times \dfrac{5}{12}$

④ $\dfrac{8}{9} \times \dfrac{3}{4}$

⑤ $\dfrac{8}{3} \times \dfrac{1}{4}$

⑥ $\dfrac{4}{9} \times \dfrac{2}{3}$

答えの大きい方を通ってゴールしましょう。通った答えを下の □ に書きましょう。

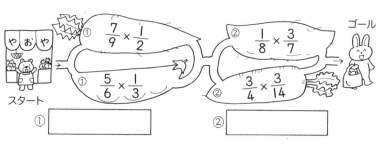

分数のかけ算（5）

帯分数×真分数（真分数×帯分数）

名前 _____

$2\frac{2}{3} \times \frac{1}{2} = \frac{8}{3} \times \frac{1}{2}$

$= \frac{4\,\cancel{8} \times 1}{3 \times \cancel{2}\,1}$

$= \frac{4}{3}$

帯分数のかけ算は，帯分数を仮分数に
なおして計算するよ。
約分できるときは，忘れずにしよう。

① $1\frac{1}{4} \times \frac{2}{5}$

$1\frac{1}{4} = \frac{\square}{4}$

② $2\frac{1}{7} \times \frac{2}{3}$

$2\frac{1}{7} = \frac{\square}{7}$

③ $1\frac{4}{5} \times \frac{5}{6}$

$1\frac{4}{5} = \frac{\square}{5}$

④ $1\frac{1}{9} \times \frac{4}{5}$

$1\frac{1}{9} = \frac{\square}{9}$

⑤ $\frac{1}{4} \times 2\frac{1}{2}$

$2\frac{1}{2} = \frac{\square}{2}$

⑥ $\frac{7}{8} \times 3\frac{3}{7}$

$3\frac{3}{7} = \frac{\square}{7}$

分数のかけ算（6）

帯分数×帯分数

名前 _____

● 次の計算をしましょう。

① $1\frac{1}{8} \times 2\frac{2}{3}$

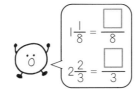

$1\frac{1}{8} = \frac{\square}{8}$

$2\frac{2}{3} = \frac{\square}{3}$

② $1\frac{4}{5} \times 3\frac{1}{3}$

③ $1\frac{2}{7} \times 1\frac{1}{6}$

④ $2\frac{4}{5} \times 1\frac{5}{6}$

⑤ $1\frac{2}{3} \times 3\frac{3}{10}$

⑥ $1\frac{1}{8} \times 2\frac{2}{7}$

答えの大きい方を通ってゴールしましょう。通った答えを下の□□に書きましょう。

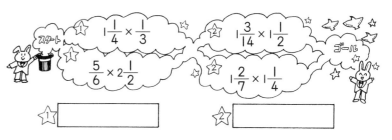

スタート $\frac{1}{4} \times \frac{1}{3}$ $\frac{3}{14} \times 1\frac{1}{2}$ ゴール

$\frac{5}{6} \times 2\frac{1}{2}$ $1\frac{2}{7} \times 1\frac{1}{4}$

☆1 _____   ☆2 _____

23

分数のかけ算（7）

整数×分数

名
前

$$3 \times \frac{4}{7} = \frac{3}{1} \times \frac{4}{7}$$

$$= \frac{3 \times 4}{1 \times 7}$$

$$= \frac{12}{7}$$

整数を $\frac{\square}{1}$ として
計算したらいいね。
$3 \times \frac{4}{7} = \frac{3 \times 4}{7}$ としても
できるよ。

① $5 \times \frac{2}{3}$

② $4 \times \frac{7}{12}$

$5 = \frac{\square}{1}$ だね。

③ $7 \times \frac{4}{5}$

④ $8 \times \frac{5}{6}$

⑤ $6 \times \frac{4}{21}$

⑥ $9 \times \frac{2}{15}$

分数のかけ算（8）

3つの数の計算

名
前

$$\frac{1}{5} \times \frac{2}{3} \times \frac{3}{4} = \frac{1 \times \cancel{2} \times \cancel{3}}{5 \times \cancel{3} \times \cancel{4}_2}$$

$$= \frac{1}{10}$$

3つの数も同じように
計算できるよ。
約分を忘れずに！

① $\frac{5}{6} \times \frac{3}{8} \times \frac{7}{10}$

② $\frac{4}{9} \times \frac{3}{5} \times 6$

整数は $\frac{\square}{1}$ として
考えたね。

③ $2\frac{1}{4} \times 3 \times \frac{2}{3}$

④ $\frac{9}{10} \times \frac{8}{15} \times 2\frac{1}{2}$

帯分数は
仮分数に
なおすよ。

⑤ $\frac{3}{7} \times 1\frac{5}{9} \times 12$

24

分数のかけ算（9）

名前 _____

1 下の長方形の面積を求めましょう。

辺の長さが分数でも
公式を使って求められるね。

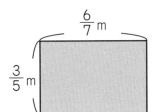
$\frac{6}{7}$ m
$\frac{3}{5}$ m

式

答え _____

2 下の直方体の体積を求めましょう。

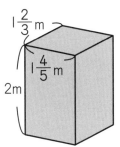
$1\frac{2}{3}$ m
$1\frac{4}{5}$ m
2m

式

答え _____

3 下の立方体の体積を求めましょう。

$\frac{4}{3}$ m

1辺が $\frac{4}{3}$ m

式

答え _____

分数のかけ算（10）

名前 _____

1 □にあてはまる数を書いて，答えを求めましょう。

① $\frac{2}{3}$ 時間は何分ですか。

1時間 = □ 分

$60 \times \frac{2}{3} = $ □

答え _____

② 45分は何時間ですか。

$45 \div $ □ $= \dfrac{45}{□}$

$= \dfrac{□}{□}$

答え _____

2 □にあてはまる数を書きましょう。

① $\frac{1}{6}$ 時間 = □ 分

② $\frac{4}{5}$ 時間 = □ 分

③ $\frac{7}{12}$ 時間 = □ 分

④ 20分 = $\dfrac{□}{□}$ 時間

⑤ 15分 = $\dfrac{□}{□}$ 時間

⑥ 90分 = □$\dfrac{□}{□}$ 時間

分数のかけ算 (11)

名前 _____

1　次の㋐～㋕の □ にあてはまる不等号や等号を書きましょう。

㋐　$15 \times \dfrac{3}{5}$ □ 15
（　　　　）← 計算の答えを書こう。

㋑　15×1 □ 15
（　　　　）

㋒　$15 \times \dfrac{5}{3}$ □ 15
（　　　　）

㋓　$15 \times 1\dfrac{3}{5}$ □ 15
（　　　　）

2　次の㋐～㋓で積が 8 より小さくなるものに〇をしましょう。
　計算をしないで答えましょう。

㋐　$8 \times \dfrac{5}{4}$　　㋑　$8 \times \dfrac{1}{2}$　　㋒　$8 \times 1\dfrac{1}{2}$　　㋓　$8 \times \dfrac{3}{4}$

3　次の数の逆数を書きましょう。

①　$\dfrac{3}{7}$　□

②　$\dfrac{5}{9}$　□

③　6　□　$6 = \dfrac{\square}{1}$

④　10　□　$10 = \dfrac{\square}{1}$

⑤　0.7　□　$0.7 = \dfrac{\square}{10}$

⑥　1.3　□　$1.3 = \dfrac{\square}{10}$

分数のかけ算 (12)
計算のきまり

名前 _____

● 計算のきまりを使ってくふうして計算しましょう。

①　$\left(\dfrac{1}{3} \times \dfrac{5}{9} \right) \times \dfrac{9}{10} = \dfrac{1}{3} \times \left(\dfrac{5}{9} \times \dfrac{9}{10} \right)$

$=$

②　$\dfrac{1}{2} \times \dfrac{5}{6} - \dfrac{1}{4} \times \dfrac{5}{6} = \left(\dfrac{1}{2} - \dfrac{1}{4} \right) \times \dfrac{5}{6}$

$=$

③　$\left(\dfrac{2}{5} + \dfrac{3}{4} \right) \times 20 = \dfrac{2}{5} \times 20 + \dfrac{3}{4} \times 20$

$=$

④　$\dfrac{2}{3} \times 11 + \dfrac{2}{3} \times 7 = \dfrac{2}{3} \times (11 + 7)$

$=$

分数のわり算（1）
約分なし

名前 ___

$$\frac{3}{7} \div \frac{4}{5} = \frac{3}{7} \times \frac{5}{4}$$
$$= \frac{3 \times 5}{7 \times 4}$$
$$= \frac{15}{28}$$

分数でわる計算はわる数の逆数をかけて計算するよ。

$$\frac{\bigcirc}{\square} \div \frac{\diamondsuit}{\triangle} = \frac{\bigcirc \times \triangle}{\square \times \diamondsuit}$$

① $\dfrac{2}{3} \div \dfrac{3}{4} = \dfrac{2}{3} \times \dfrac{\square}{\square}$

$$= \frac{2 \times \square}{3 \times \square}$$

$$= \frac{\square}{\square}$$

② $\dfrac{5}{8} \div \dfrac{2}{5} = \dfrac{5}{8} \times \dfrac{\square}{\square}$

$$= \frac{5 \times \square}{8 \times \square}$$

$$= \frac{\square}{\square}$$

③ $\dfrac{6}{7} \div \dfrac{1}{4}$

$\dfrac{1}{4}$ の逆数は $\dfrac{4}{1} = 4$

④ $\dfrac{2}{9} \div \dfrac{1}{5}$

⑤ $\dfrac{1}{2} \div \dfrac{8}{9}$

⑥ $\dfrac{3}{8} \div \dfrac{5}{7}$

分数のわり算（2）
約分あり

名前 ___

$$\frac{3}{4} \div \frac{5}{8} = \frac{3}{4} \times \frac{8}{5}$$
$$= \frac{3 \times \overset{2}{\cancel{8}}}{\underset{1}{\cancel{4}} \times 5}$$
$$= \frac{6}{5} \left(1\frac{1}{5}\right)$$

約分できるときは，約分してから計算すると簡単にできるね。

① $\dfrac{2}{3} \div \dfrac{4}{9}$

② $\dfrac{5}{6} \div \dfrac{7}{8}$

③ $\dfrac{9}{7} \div \dfrac{3}{7}$

④ $\dfrac{3}{10} \div \dfrac{6}{5}$

⑤ $\dfrac{11}{12} \div \dfrac{1}{4}$

⑥ $\dfrac{1}{9} \div \dfrac{1}{6}$

分数のわり算（3）

約分なし・あり

名前 _____

● 次の計算をしましょう。

① $\dfrac{3}{5} \div \dfrac{6}{7}$

② $\dfrac{5}{8} \div \dfrac{5}{6}$

③ $\dfrac{3}{4} \div \dfrac{7}{9}$

④ $\dfrac{4}{5} \div \dfrac{1}{10}$

⑤ $\dfrac{3}{2} \div \dfrac{9}{4}$

⑥ $\dfrac{1}{7} \div \dfrac{2}{9}$

答えの大きい方を通ってゴールしましょう。通った答えを下の □ に書きましょう。

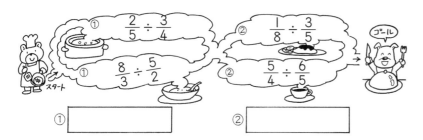

① $\dfrac{2}{5} \div \dfrac{3}{4}$　② $\dfrac{1}{8} \div \dfrac{3}{5}$

① $\dfrac{8}{3} \div \dfrac{5}{2}$　② $\dfrac{5}{4} \div \dfrac{6}{5}$

①

②

分数のわり算（4）

約分なし・あり

名前 _____

● 次の計算をしましょう。

① $\dfrac{5}{4} \div \dfrac{5}{12}$

② $\dfrac{10}{9} \div \dfrac{8}{15}$

③ $\dfrac{5}{8} \div \dfrac{6}{11}$

④ $\dfrac{4}{7} \div \dfrac{1}{3}$

⑤ $\dfrac{8}{3} \div \dfrac{1}{9}$

⑥ $\dfrac{5}{2} \div \dfrac{15}{16}$

答えの大きい方を通ってゴールしましょう。通った答えを下の □ に書きましょう。

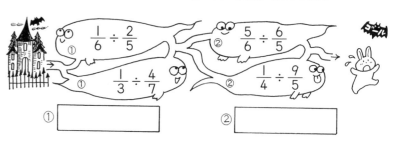

① $\dfrac{1}{6} \div \dfrac{2}{5}$　② $\dfrac{5}{6} \div \dfrac{6}{5}$

① $\dfrac{1}{3} \div \dfrac{4}{7}$　② $\dfrac{1}{4} \div \dfrac{9}{5}$

①

②

分数のわり算（5）

整数÷分数

名
前

$$3 \div \frac{5}{7} = \frac{3}{1} \times \frac{7}{5}$$
$$= \frac{3 \times 7}{1 \times 5}$$
$$= \frac{21}{5}$$

$$3 \div \frac{5}{7} = 3 \times \frac{7}{5}$$
$$= \frac{3 \times 7}{5}$$

と考えてもいいね。

① $4 \div \frac{2}{7}$

② $2 \div \frac{1}{2}$

③ $5 \div \frac{10}{9}$

④ $7 \div \frac{1}{3}$

⑤ $6 \div \frac{3}{4}$

⑥ $3 \div \frac{4}{5}$

分数のわり算（6）

帯分数÷真分数（真分数÷帯分数）

名
前

$$\frac{1}{3} \div 1\frac{1}{4} = \frac{1}{3} \div \frac{5}{4}$$
$$= \frac{1}{3} \times \frac{4}{5}$$
$$= \frac{1 \times 4}{3 \times 5}$$
$$= \frac{4}{15}$$

帯分数のわり算は，帯分数を
仮分数になおして計算するよ。

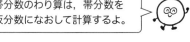

① $1\frac{2}{3} \div \frac{4}{5}$

② $2\frac{1}{4} \div \frac{6}{7}$

③ $\frac{5}{9} \div 3\frac{1}{3}$

④ $\frac{7}{8} \div 4\frac{1}{5}$

⑤ $\frac{3}{4} \div 2\frac{1}{2}$

⑥ $1\frac{2}{7} \div \frac{3}{14}$

分数のわり算 (7)

帯分数÷帯分数

名前 _____

$$1\frac{2}{3} \div 3\frac{1}{2} = \frac{5}{3} \div \frac{7}{2}$$
$$= \frac{5}{3} \times \frac{2}{7}$$
$$= \frac{5 \times 2}{3 \times 7}$$
$$= \frac{10}{21}$$

帯分数を仮分数に
なおして計算するよ。

① $1\frac{1}{4} \div 2\frac{2}{3}$

② $2\frac{1}{4} \div 1\frac{1}{2}$

③ $1\frac{1}{9} \div 1\frac{2}{3}$

④ $1\frac{7}{8} \div 1\frac{3}{7}$

⑤ $1\frac{1}{6} \div 2\frac{1}{3}$

⑥ $2\frac{1}{9} \div 6\frac{1}{3}$

分数のわり算 (8)

3つの数の計算

名前 _____

$$\frac{5}{8} \div \frac{3}{4} \div \frac{7}{3} = \frac{5}{8} \times \frac{4}{3} \times \frac{3}{7}$$
$$= \frac{5 \times \overset{1}{\cancel{4}} \times \overset{1}{\cancel{3}}}{\underset{2}{\cancel{8}} \times \underset{1}{\cancel{3}} \times 7}$$
$$= \frac{5}{14}$$

$\frac{3}{4}$ と $\frac{7}{3}$ の逆数を
かけたらいいね。

① $\frac{2}{3} \div 1\frac{1}{5} \div \frac{5}{6}$

② $\frac{5}{6} \div 9 \div \frac{15}{8}$

整数の逆数は
$\frac{1}{\square}$ だね。

③ $2\frac{2}{5} \div 1\frac{1}{3} \div \frac{2}{5}$

④ $\frac{2}{9} \div \frac{4}{7} \div 7$

分数のわり算（9）

名前 _____

1. 次の㋐〜㋓の □ にあてはまる等号や不等号を書きましょう。

㋐ $15 \div \frac{5}{7}$ □ 15

（　　　）← 計算の答えを書こう。

㋑ $15 \div 1$ □ 15

（　　　）

㋒ $15 \div \frac{5}{4}$ □ 15

（　　　）

㋓ $15 \div 1\frac{2}{3}$ □ 15

（　　　）

2. 次の㋐〜㋓で商が8より小さくなるものはどれですか。
計算をしないで答えましょう。

㋐ $8 \div \frac{4}{3}$　　㋑ $8 \div \frac{1}{2}$　　㋒ $8 \div 1\frac{1}{2}$　　㋓ $8 \div \frac{3}{4}$

（　　　　　　　　　）

3. 答えが大きくなる方を通ってゴールしましょう。
通った方の式を下の □ に書きましょう。

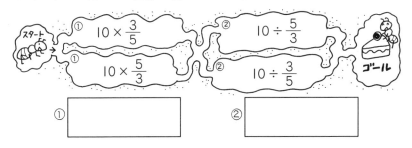

①

②

分数のわり算（10）

名前 _____

● $\frac{3}{5}$ m の重さが $\frac{7}{5}$ g の針金があります。
㋐と㋑はどんな式で求められるか考えましょう。

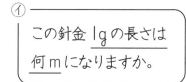

㋐
この針金 1m の重さは
何 g になりますか。

㋑
この針金 1g の長さは
何 m になりますか。

1. ㋐を4マス表に整理してみましょう。

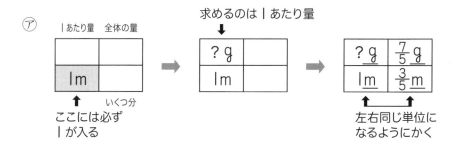

2. 式に表して答えを求めましょう。

式　　全体の量　いくつ分　1あたり量

$$\frac{7}{5} \div \frac{3}{5} = \boxed{}$$

1あたり量×いくつ分＝全体の量
$x \times \frac{3}{5} = \frac{7}{5}$
と式を立ててもいいね。

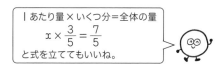

答え _____ g

3. ㋑も同じように表に整理して答えを求めましょう。

式

答え _____ m

分数のかけ算・わり算 ② (1)　名前＿＿＿＿＿＿＿

① １dL のペンキで $\frac{5}{6}$ m² のかべをぬることができます。

　　$2\frac{1}{4}$ m² のかべをぬるには，何 dL のペンキが必要ですか。

　　式

	１あたり量	全体の量
	$\frac{5}{6}$ m²	$2\frac{1}{4}$ m²
	１dL	xdL
		いくつ分

　　　　　　　　答え＿＿＿＿＿＿＿

② １m が 350 円の布があります。

　　この布 $\frac{3}{7}$ m の代金は何円ですか。

　　式

	１あたり量	全体の量
	１m	
		いくつ分

　　　　　　　　答え＿＿＿＿＿＿＿

③ ７L の牛乳があります。この牛乳を家族で

　　１日に $1\frac{1}{6}$ L ずつ飲むと，何日で全部飲むことになりますか。

　　式

	１あたり量	全体の量
	１日	
		いくつ分

　　　　　　　　答え＿＿＿＿＿＿＿

分数のかけ算・わり算 ② (2)　名前＿＿＿＿＿＿＿

① ペンキ１dL で，$\frac{4}{5}$ m² のかべをぬることができます。

　　このペンキ $\frac{5}{2}$ dL では，何 m² のかべを

　　ぬることができますか。

　　式

	１あたり量	全体の量
	$\frac{4}{5}$ m²	xm²
	１dL	$\frac{5}{2}$ dL
		いくつ分

　　　　　　　　答え＿＿＿＿＿＿＿

② 面積が $3\frac{1}{3}$ m² の長方形の花だんがあります。

　　縦の長さは $1\frac{5}{9}$ m です。横の長さは何mですか。

　　式

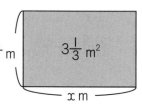

　　　　　　　　答え＿＿＿＿＿＿＿

③ 面積 $\frac{3}{4}$ a の畑に水をまくのに $\frac{1}{8}$ 時間かかりました。

　　同じように水をまくとすると，１時間では何 a の

　　水をまくことができますか。

　　式

	１あたり量	全体の量
	１時間	
		いくつ分

　　　　　　　　答え＿＿＿＿＿＿＿

① あたり量×いくつ分＝全体の量　全体の量÷いくつ分＝１あたり量　全体の量÷１あたり量＝いくつ分

① 食塩水 1L の中に $\frac{5}{7}$ kg の食塩がとけています。
この食塩水 $1\frac{3}{5}$ L の中には何 kg の食塩がとけていますか。

式

１あたり量	全体の量
1L	
	いくつ分

答え _____

② リボンを $1\frac{7}{8}$ m 買うと，代金は 600 円でした。
このリボン 1m の代金は何円ですか。

式

１あたり量	全体の量
1m	
	いくつ分

答え _____

③ 縦の長さが $\frac{8}{9}$ m，横の長さが $\frac{7}{6}$ m の長方形の
花だんがあります。花だんの広さは何 m² ですか。

式

$\frac{8}{9}$ m ┤ x m²

$\frac{7}{6}$ m

答え _____

① ジュースが $5\frac{1}{4}$ L あります。
7本のびんに同じ量ずつ分けて入れます。
１本のびんは何 L になりますか。

式

１あたり量	全体の量
１本	
	いくつ分

答え _____

② $\frac{5}{2}$ L の重さが $1\frac{3}{8}$ kg の液体があります。

① この液体 1L の重さは何 kg ですか。

式

１あたり量	全体の量
1L	
	いくつ分

答え _____

② この液体 1kg のかさは何 L ですか。

式

１あたり量	全体の量
1kg	
	いくつ分

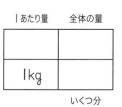

答え _____

① ジュース 1L の中に砂糖が $\frac{1}{10}$ kg 入っています。

このジュース $1\frac{5}{7}$ L の中には何 kg の

砂糖が入っていますか。

式

1あたり量	全体の量
1L	

いくつ分

答え _____

② $1\frac{1}{3}$ m² のかべをぬるのに，ペンキを $1\frac{1}{7}$ dL 使います。

このペンキは，1dL あたり何 m² のかべを

ぬることができますか。

式

1あたり量	全体の量
1dL	

いくつ分

答え _____

③ 1時間で $3\frac{1}{3}$ a の草かりをする草かり機があります。

この機械で 10a の草かりをすると

何時間かかりますか。

式

1あたり量	全体の量
1時間	

いくつ分

答え _____

① $2\frac{2}{3}$ m のテープがあります。

$\frac{1}{3}$ m ずつ切ると，何本のテープができますか。

式

1あたり量	全体の量
1本	

いくつ分

$\frac{1}{3}$ m

答え _____

② たつきさんは，10km を 40分で走りました。

① 40分は何時間ですか。分数で表しましょう。

答え _____

② たつきさんは，時速何 km で走りますか。

「速さ＝道のり÷時間」だね。

式

答え _____

● 次の計算をしましょう。

① $\dfrac{5}{9} \times \dfrac{3}{2} \div \dfrac{5}{8} = \dfrac{5}{9} \times \dfrac{3}{2} \times \dfrac{8}{5}$

$= \dfrac{\overset{1}{5} \times \overset{1}{3} \times \overset{4}{8}}{\underset{3}{9} \times \underset{1}{2} \times \underset{1}{5}}$

$= \boxed{}$

わり算は逆数を
かければ
よかったね。

② $\dfrac{2}{5} \div 3\dfrac{1}{3} \times 1\dfrac{1}{9}$

帯分数は
仮分数に
なおそう。

③ $\dfrac{3}{7} \times 1\dfrac{2}{5} \div 6$

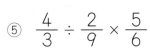

整数の逆数は
$\dfrac{1}{□}$ だね。

④ $8 \div 1\dfrac{1}{5} \times 1\dfrac{3}{10}$

⑤ $\dfrac{4}{3} \div \dfrac{2}{9} \times \dfrac{5}{6}$

① 右の三角形の面積を求めましょう。

三角形の面積＝底辺×高さ÷2

式

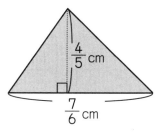

$\dfrac{4}{5}$ cm

$\dfrac{7}{6}$ cm

答え _____

② 右のひし形の面積を求めましょう。

ひし形の面積＝対角線×対角線÷2

式

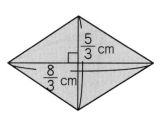

$\dfrac{5}{3}$ cm

$\dfrac{8}{3}$ cm

答え _____

③ 右の台形の面積を求めましょう。

台形の面積＝（上底＋下底）×高さ÷2

式

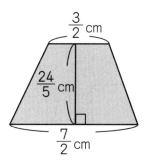

$\dfrac{3}{2}$ cm

$\dfrac{24}{5}$ cm

$\dfrac{7}{2}$ cm

答え _____

● 計算をしましょう。あみだくじをして，答えを下の □ に書きましょう。

$$\frac{4}{15} \times \frac{5}{6}$$　　$$\frac{13}{4} \times \frac{40}{39}$$　　$$\frac{3}{8} \times \frac{7}{10}$$　　$$5\frac{1}{6} \times \frac{4}{7}$$　　$$6\frac{2}{5} \times 3\frac{1}{8}$$

● 計算をしましょう。あみだくじをして，答えを下の □ に書きましょう。

$$\frac{9}{8} \div \frac{7}{4}$$　　$$1\frac{1}{4} \div 1\frac{2}{5}$$　　$$1\frac{3}{7} \div \frac{4}{7}$$　　$$\frac{24}{25} \div \frac{3}{10}$$　　$$5 \div \frac{10}{11}$$

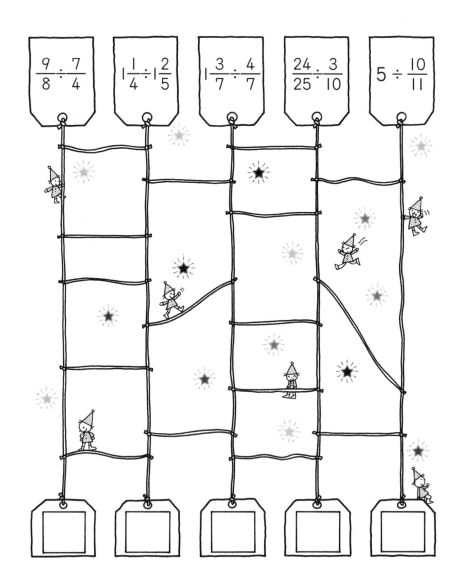

ふりかえりテスト 分数のかけ算・わり算 2

名前 _____

1 次の計算をしましょう。(6×10)

① $\dfrac{3}{5} \times \dfrac{1}{7}$

② $\dfrac{5}{4} \times \dfrac{6}{5}$

③ $1\dfrac{2}{3} \times \dfrac{9}{10}$

④ $1\dfrac{7}{8} \times 3\dfrac{1}{3}$

⑤ $4 \times \dfrac{5}{12}$

⑥ $\dfrac{3}{4} \div \dfrac{4}{5}$

⑦ $\dfrac{10}{9} \div \dfrac{5}{3}$

⑧ $1\dfrac{2}{7} \div \dfrac{3}{7}$

⑨ $4\dfrac{1}{2} \div 1\dfrac{7}{8}$

⑩ $2 \div 1\dfrac{3}{5}$

2 次の計算をしましょう。(6×4)

① $\dfrac{2}{3} \times \dfrac{6}{5} \times \dfrac{3}{10}$

② $\dfrac{5}{6} \div \dfrac{5}{2} \div \dfrac{7}{9}$

③ $2\dfrac{1}{4} \times \dfrac{4}{15} \div 6$

④ $1\dfrac{1}{8} \div 7\dfrac{1}{2} \times \dfrac{5}{8}$

3 畑1m²あたり $\dfrac{5}{8}$ Lのひ料をまきます。$3\dfrac{1}{3}$ m²の畑では、何Lのひ料をまくことになりますか。(8)

式

答え _____

4 $1\dfrac{3}{5}$ Lのジュースがあります。毎日 $\dfrac{2}{5}$ Lずつ飲むと、何日で飲み終わることになりますか。(8)

式

答え _____

37

分数・小数・整数の まじった計算 (1)

名 前

① $0.3 \times \dfrac{5}{2}$ の計算のしかたを考えましょう。

⑦ 0.3 を分数で表す

$0.3 = \dfrac{3}{10}$

$0.3 \times \dfrac{5}{2} = \dfrac{3}{10} \times \dfrac{5}{2}$

$= \dfrac{3 \times \overset{1}{5}}{\underset{2}{10} \times 2}$

$= \dfrac{}{}$

① $\dfrac{5}{2}$ を小数で表す

$\dfrac{5}{2} = 2.5$

$0.3 \times \dfrac{5}{2} = 0.3 \times 2.5$

$= \boxed{}$

答えが同じになるか確かめよう。

② 分数にそろえて計算しましょう。

① $0.6 \times \dfrac{4}{5}$

② $\dfrac{5}{8} \times 1.4$

③ $0.5 \div \dfrac{3}{2}$

④ $\dfrac{3}{7} \div 0.9$

⑤ $1.2 \div \dfrac{3}{5}$

分数・小数・整数の まじった計算 (2)

名 前

● 次の計算をしましょう。

① $0.8 \div 3 \times \dfrac{5}{6} = \dfrac{8}{\boxed{}} \div 3 \times \dfrac{5}{6}$

$= \dfrac{8 \times 1 \times \boxed{}}{\boxed{} \times \boxed{} \times \boxed{}}$

$= \dfrac{\boxed{}}{\boxed{}}$

小数や整数を分数になおして計算しよう！

② $1.5 \times 1\dfrac{3}{5} \div 12$

③ $\dfrac{5}{9} \div 5 \times 2.7$

④ $\dfrac{5}{7} \times 0.21 \div 0.05$

⑤ $6 \times \dfrac{7}{8} \div 3.5$

38

● 次の計算をしましょう。

① $2 \times \dfrac{4}{7} \times 2.5$

② $0.6 \times \dfrac{4}{5} \div 8$

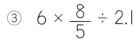

③ $6 \times \dfrac{8}{5} \div 2.1$

④ $\dfrac{9}{10} \times 3.6 \div 18$

⑤ $\dfrac{5}{9} \div 0.75 \times 6$

● 下の直方体の体積を求めましょう。（単位m）

①

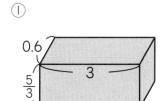

式

答え _____

②

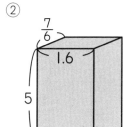

式

答え _____

③

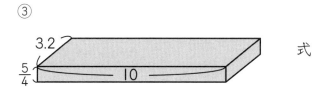

式

答え _____

分数倍 （1）

名前 _____

● 長さのちがう赤と白のリボンがあります。

赤	$\frac{3}{5}$ m
白	$\frac{4}{5}$ m

① 白のリボンの長さは，赤のリボンの何倍ですか。

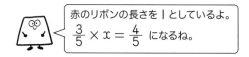
赤のリボンの長さを｜としているよ。
$\frac{3}{5} \times x = \frac{4}{5}$ になるね。

式

答え ___ 倍

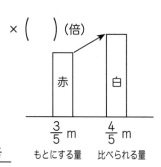
×（　）(倍)
赤　白
$\frac{3}{5}$ m　$\frac{4}{5}$ m
もとにする量　比べられる量

② 赤いリボンの長さは，白のリボンの何倍ですか。

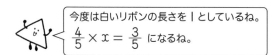
今度は白いリボンの長さを｜としているね。
$\frac{4}{5} \times x = \frac{3}{5}$ になるね。

式

答え ___ 倍

×（　）(倍)
白　赤
$\frac{4}{5}$ m　$\frac{3}{5}$ m
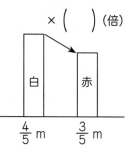

③ 青のリボンの長さは，白いリボンの
$\frac{5}{3}$ 倍の長さです。青のリボンは何mですか。

式

答え ___ m

×$\frac{5}{3}$(倍)
白　青
$\frac{4}{5}$ m　（　）m
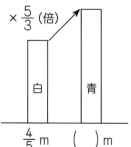

分数倍 （2）

名前 _____

● ジュースが $3\frac{1}{3}$ L あります。そのうち，ゆうきさんは $\frac{2}{3}$ L，
えみさんは $\frac{4}{3}$ L 飲みました。

① ジュース全体の量を｜としたとき，ゆうきさんの
飲んだ量はどれだけにあたりますか。

$3\frac{1}{3} \times x = \frac{2}{3}$ だから…。

式

答え _____

×（　）(倍)
全体の量
ゆうき
$3\frac{1}{3}$ L　$\frac{2}{3}$ L
もとにする量　比べられる量
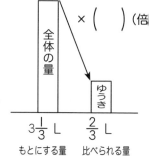

② ジュース全体の量を｜としたとき，えみさんの
飲んだ量はどれだけにあたりますか。

式

答え _____

×（　）(倍)
全体の量
えみ
$3\frac{1}{3}$ L　$\frac{4}{3}$ L
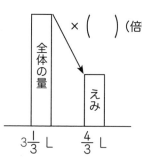

③ こうきさんは、ジュース全体の量を｜としたとき，
$\frac{1}{4}$ にあたる量を飲みました。
こうきさんは何 L 飲みましたか。

式

答え ___ L

×$\frac{1}{4}$(倍)
全体の量
こうき
$3\frac{1}{3}$ L　（　）L
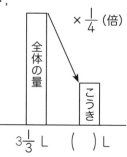

① さくらさんは，800円のクッキーつめ合わせを買いました。

これは，ロールケーキの値段の $\frac{2}{3}$ 倍です。

ロールケーキの値段は何円ですか。

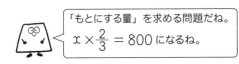

「もとにする量」を求める問題だね。
$x \times \frac{2}{3} = 800$ になるね。

式

答え _____

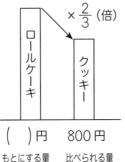

$\times \frac{2}{3}$ （倍）

ロールケーキ　　クッキー

（　）円　　800円
もとにする量　比べられる量

② 赤と青のリボンがあります。

赤のリボンの長さは12mで，青のリボンの $\frac{6}{5}$ 倍の長さです。青のリボンは何mですか。

式

答え _____

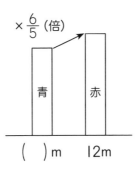

$\times \frac{6}{5}$ （倍）

青　　赤

（　）m　　12m

③ 水そうに $\frac{5}{6}$ Lの水を入れました。

これは，水そうに入る水の体積の $\frac{1}{6}$ にあたります。

この水そうには全部で何Lの水が入りますか。

式

答え _____

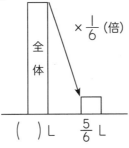

全体　　$\times \frac{1}{6}$ （倍）

（　）L　　$\frac{5}{6}$ L

① ショートケーキの値段は，シュークリームの値段の $\frac{9}{5}$ 倍です。

シュークリームの値段は250円です。

ショートケーキの値段は何円ですか。

式

答え _____

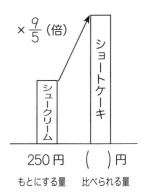

$\times \frac{9}{5}$ （倍）

シュークリーム　　ショートケーキ

250円　　（　）円
もとにする量　比べられる量

② りんごジュースが $\frac{7}{8}$ L，

ぶどうジュースが $\frac{5}{8}$ Lあります。

ぶどうジュースの量は，りんごジュースの量の何倍ですか。

式

答え _____

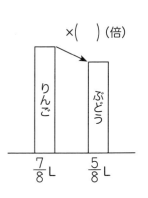

$\times$（　）（倍）

りんご　　ぶどう

$\frac{7}{8}$ L　　$\frac{5}{8}$ L

③ 畑を $\frac{2}{9}$ a耕しました。

これは畑全体の $\frac{1}{3}$ にあたる面積です。

畑全体の面積は何aですか。

式

答え _____

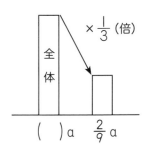

全体　　$\times \frac{1}{3}$ （倍）

（　）a　　$\frac{2}{9}$ a

比と比の値 （1）

名前 _____

① 下の３人がコーヒー牛乳を作りました。

コーヒー  と牛乳 の量の割合を比で表しましょう。

	コーヒー	牛乳	
めい			3 ： 2
かずま			：
ゆうか			：

② 次の２つの数や量を比で表しましょう。

① サラダ油 25mL と酢 18mL

｜ ： ｜

② 水 200mL と乳酸飲料 50mL

｜ ： ｜

③ ５年生 57人と６年生 62人

｜ ： ｜

比と比の値 （2）

名前 _____

● 次の比の値を求めましょう。約分できるものは約分しましょう。

① 2：3

$$2 \div 3 = \frac{\boxed{2}}{\boxed{3}}$$

② 7：5

$$7 \div 5 = \frac{\square}{\square}$$

③ 6：9

$$6 \div 9 = \frac{\square}{\square}$$　（約分）

$$= \frac{\square}{\square}$$

④ 12：6

$$12 \div 6 = \frac{\square}{\square}$$　（約分）

$$= \square$$

⑤ 5：4

$$\square \div \square = \frac{\square}{\square}$$

⑥ 8：15

$$\square \div \square = \frac{\square}{\square}$$

⑦ 18：12

$$\square \div \square = \frac{\square}{\square}$$

$$= \frac{\square}{\square}$$

⑧ 9：24

$$\square \div \square = \frac{\square}{\square}$$

$$= \frac{\square}{\square}$$

42

比と比の値（3）

● 次の比の値を求めましょう。また，等しい比を □ の中から

選んで，〔 〕の中に書きましょう。

① 3 : 2　　　比の値 　　　3 : 2 = (　　　　)

9 : 4	9 : 6

② 2 : 5　　　比の値 □　　　2 : 5 = (　　　　)

4 : 15	8 : 20

③ 9 : 15　　　比の値 □　　　9 : 15 = (　　　　)

3 : 5	3 : 4

④ 10 : 8　　　比の値 □　　　10 : 8 = (　　　　)

4 : 5	5 : 4

比と比の値（4）

● □ にあてはまる数を書きましょう。

① 　　×[3]

$3 : 4 = 9 : 12$

　　×[3]

② 　　×□

$5 : 3 = 10 : 6$

　　×□

③ 　　×2

$2 : 3 = 4 : □$

　　×2

④ 　　×□

$4 : 5 = □ : 25$

　　×□

⑤ $2 : 5 = 10 : □$

⑥ $7 : 2 = 21 : □$

⑦ $4 : 9 = □ : 27$

⑧ $8 : 3 = □ : 12$

比と比の値 (5)

名前

● □ にあてはまる数を書きましょう。

①
÷3

$21:15 = 7:5$

÷3

②
÷2

$36:10 = 18:\boxed{}$

÷2

③
÷□

$30:35 = \boxed{}:7$

÷□

④
÷□

$24:18 = 4:\boxed{}$

÷□

⑤ $48:30 = 8:\boxed{}$

⑥ $28:36 = 7:\boxed{}$

⑦ $35:10 = \boxed{}:2$

⑧ $40:24 = \boxed{}:3$

比と比の値 (6)

名前

● 次の比を簡単にしましょう。

① $6:9 = \boxed{}:\boxed{}$

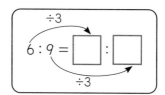
÷3

$6:9 = \boxed{}:\boxed{}$

÷3

② $8:12 = \boxed{}:\boxed{}$

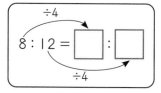
÷4

$8:12 = \boxed{}:\boxed{}$

÷4

③ $18:30 = \boxed{}:\boxed{}$

④ $24:16 = \boxed{}:\boxed{}$

⑤ $25:20 = \boxed{}:\boxed{}$

⑥ $12:15 = \boxed{}:\boxed{}$

⑦ $36:27 = \boxed{}:\boxed{}$

⑧ $16:28 = \boxed{}:\boxed{}$

2つの数の公約数でわって, できるだけ小さい整数の比にしよう。

比と比の値（7）

名前

● 次の比を簡単にしましょう。

① $0.6 : 1.5 =$ □ : □

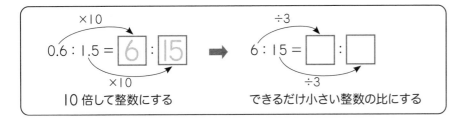

$$0.6 : 1.5 = \boxed{6} : \boxed{15} \implies 6 : 15 = \Box : \Box$$

×10

×10

10倍して整数にする

÷3

÷3

できるだけ小さい整数の比にする

② $0.7 : 0.8 =$ □ : □

③ $2.4 : 3.6 =$ □ : □

④ $4.2 : 1.8 =$ □ : □

⑤ $3 : 1.5 =$ □ : □

比と比の値（8）

名前

● 次の比を簡単にしましょう。

① $\dfrac{3}{5} : \dfrac{9}{10} =$ □ : □

$$\dfrac{3}{5} : \dfrac{9}{10} = \left(\dfrac{3}{5} \times \boxed{10} \right) : \left(\dfrac{9}{10} \times \boxed{10} \right)$$
$$= \boxed{6} : \boxed{9}$$
$$= \Box : \Box$$

$$\dfrac{3}{5} : \dfrac{9}{10} = \dfrac{6}{10} : \dfrac{9}{10}$$
$$= \boxed{6} : \boxed{9}$$
$$= \Box : \Box$$

② $\dfrac{5}{6} : \dfrac{7}{12} =$ □ : □

③ $\dfrac{4}{9} : \dfrac{5}{6} =$ □ : □

④ $\dfrac{4}{5} : \dfrac{3}{2} =$ □ : □

⑤ $\dfrac{2}{3} : 2 =$ □ : □

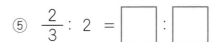

比と比の値 （9）

名前

① コーヒーとミルクが 5：3 になるようにして，カフェオレを作ります。

コーヒーを 150mL にすると，ミルクは何 mL 必要ですか。

① 求める数を x として，□ にあてはまる数や文字を書きましょう。

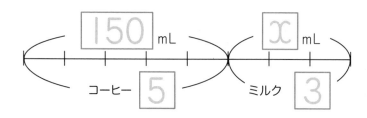

② 比の式に表して，x を求めましょう。

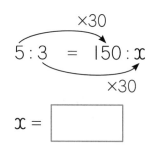

$x =$ ☐

答え ☐ mL

② 次の式で x の表す数を求めましょう。

① $2：7 = 6：x$

② $6：5 = 24：x$

③ $5：8 = x：48$

④ $9：3 = x：15$

比と比の値 （10）

名前

① 縦と横の長さが 4：7 になるように，長方形の用紙をつくります。

横の長さを 28cm にすると，縦の長さは何 cm にすればいいですか。

① 求める数を x として，

比の式に表しましょう。

$4：7 = $ ☐ ： ☐

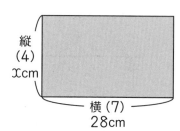

縦
(4)
$x$cm

横 (7)
28cm

② x （縦の長さ）を求めましょう。

答え ☐ cm

② サラダ油と酢の量を 2：3 になるようにしてドレッシングを作ります。

酢の量を 120mL にすると，サラダ油は何 mL 用意すればいいですか。

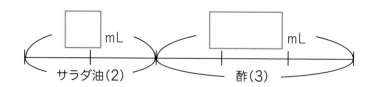

式

答え _____

比と比の値（11）

名前

● ジュースが 500mL あります。姉と妹で比が 3：2 になるように分けます。2 人のジュースの量は，それぞれ何 mL ですか。

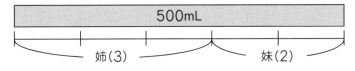

500mL

姉（3）　妹（2）

解き方1

姉　$500 \div 5 \times \boxed{} = \boxed{}$

妹　$500 \div 5 \times \boxed{} = \boxed{}$

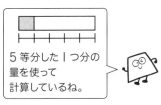

5 等分した 1 つ分の量を使って計算しているね。

解き方2

姉　$500 \times \dfrac{\boxed{}}{5} = \boxed{}$

妹　$500 \times \dfrac{\boxed{}}{5} = \boxed{}$

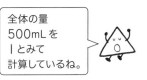

全体の量 500mL を 1 とみて計算しているね。

解き方3

姉　$3 : 5 = x : 500$

$x = \boxed{}$

妹　$2 : 5 = x : 500$

$x = \boxed{}$

「部分：全体」の比の式に表しているね。

答え　姉 $\boxed{}$ mL，妹 $\boxed{}$ mL

比と比の値（12）

名前

① 長さ 36m のひもを，比が 4：5 になるように分けようと思います。何 m と何 m にすればよいですか。

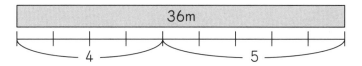

36m

4　5

式

答え　$\boxed{}$ m と，$\boxed{}$ m

② 1200 円の本を，兄と弟の 2 人で比が 5：3 になるようにお金を出して買うことにしました。それぞれ何円出せばよいですか。

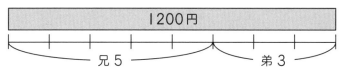

1200 円

兄 5　弟 3

式

答え　兄 $\boxed{}$ 円，弟 $\boxed{}$ 円

ふりかえりテスト 比と比の値

名前

[1] 次の比の値を求めましょう。(6×3)

① 4:5 （ ）

② 15:21 （ ）

③ 9:3 （ ）

[2] 次の比の値を求めましょう。また、等しい比を□から選んで○をしましょう。(7×2)

① 3:2 （ ）

　6:9 ・ 9:6

② 8:14 （ ）

　4:7 ・ 4:14

[3] □にあてはまる数を書きましょう。(5×4)

① 6:7 = 12:□

② 3:2 = □:18

③ 20:30 = 2:□

④ 42:35 = □:5

[4] 次の比を簡単にしましょう。(7×4)

① 32:40 = □:□

② 0.9:0.4 = □:□

③ 1.5:2 = □:□

④ $\dfrac{2}{3} : \dfrac{3}{4}$ = □:□

[5] さとうと小麦粉の重さが3:4になるようにして、ケーキを作ります。小麦粉を200g使うとき、さとうは何g用意すればいいですか。(10)

式

答え

[6] 当たりくじとはずれくじの比が3:7になるようにくじを100本作りました。
当たりくじとはずれくじには、それぞれ何本ありますか。(10)

式

答え 当たりくじが　　　本　はずれくじが　　　本

拡大図と縮図 （1）

名前 _____

● 下の㋐と㋑の2つの図について調べましょう。

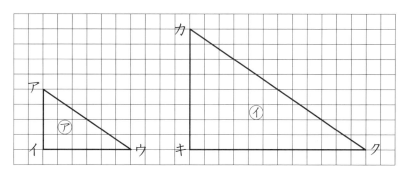

① 対応する辺の長さを簡単な比で表しましょう。

・辺アイ：辺カキ ＝ ┌─┐ : ┌─┐
　　　　　　　　　　│１│　│２│
　　　　　　　　　　└─┘　└─┘

・辺イウ：辺キク ＝ ┌─┐ : ┌─┐
　　　　　　　　　　└─┘　└─┘

・辺ウア：辺クカ ＝ ┌─┐ : ┌─┐
　　　　　　　　　　└─┘　└─┘

② 対応する角の大きさを調べて，あてはまる方に○をしましょう。

・角アと角カの大きさは　（　等しい　・　等しくない　）

・角イと角キの大きさは　（　等しい　・　等しくない　）

・角ウと角クの大きさは　（　等しい　・　等しくない　）

③ □にあてはまる数字を書きましょう。

・㋑は㋐の ┌─┐ 倍の拡大図です。
　　　　　 └─┘

・㋐は㋑の ┌─┐ 分の１の縮図です。
　　　　　 └─┘

拡大図と縮図 （2）

名前 _____

1 ㋐の拡大図はどれですか。また，それは何倍の拡大図ですか。

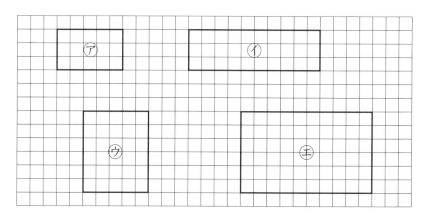

┌─┐　┌─┐
│　│　│　│倍
└─┘　└─┘

2 ㋐の縮図はどれですか。また，それは何分の１の縮図ですか。

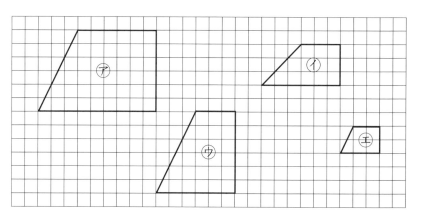

┌─┐　┌─┐
│　│　│　│分の１
└─┘　└─┘

拡大図と縮図（3）

名前 _____

① 三角形 DEF は，三角形 ABC の 2 倍の拡大図^{かくだいず}です。

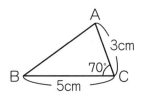

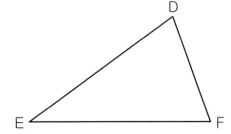

① 辺 BC に対応する辺は
どれですか。また，何 cm ですか。

② 角 C に対応する角は
どれですか。また，何度ですか。

③ 辺 CA に対応する辺は
どれですか。また，何 cm ですか。

辺 [　　　] ， [　　　] cm

角 [　　　] ， [　　　] 度

辺 [　　　] ， [　　　] cm

② 長方形 EFGH は，長方形 ABCD の 1.5 倍の拡大図です。

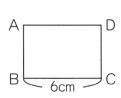

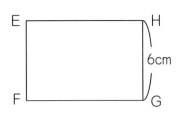

① 辺 BC に対応する辺は
どれですか。また，何 cm ですか。

② 辺 GH に対応する辺は
どれですか。また，何 cm ですか。

辺 [　　　] ， [　　　] cm

辺 [　　　] ， [　　　] cm

拡大図と縮図（4）

名前 _____

● 下の長方形 ABCD の 2 倍の拡大図^{かくだいず} EFGH，3 倍の拡大図 IJKL を
かきましょう。

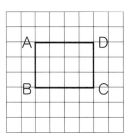

点 B に対応する
点 F，点 J は
右図の位置に
決めてあります。

2 倍（長方形 EFGH）

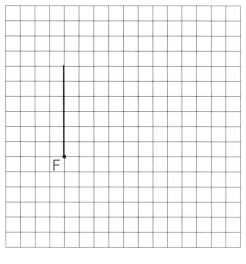

3 倍（長方形 IJKL）

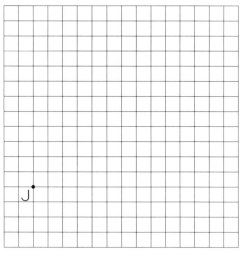

50

● 下の三角形 ABC の 2 倍の拡大図 DEF，3 倍の拡大図 GHI を
かきましょう。

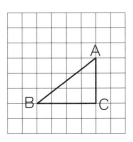

2 倍（三角形 DEF）

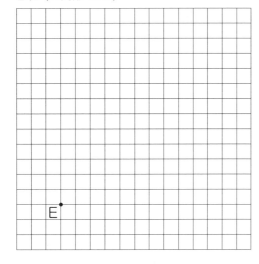

点 B に対応する
点 E，点 H は
右図の位置に
決めてあります。

3 倍（三角形 GHI）

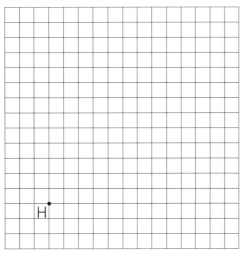

1　下の長方形 ABCD の $\frac{1}{2}$ の縮図 EFGH，$\frac{1}{3}$ の縮図 IJKL をかきましょう。

$\frac{1}{2}$（長方形 EFGH）

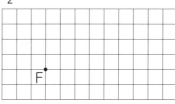

$\frac{1}{3}$（長方形 IJKL）

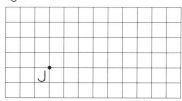

2　下の三角形 ABC の $\frac{1}{2}$ の縮図 DEF をかきましょう。

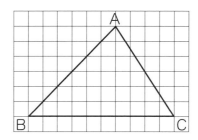

$\frac{1}{2}$（三角形 DEF）

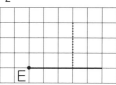

点 A は，点 B から右へ 6，
上へ 6 のところだね。

51

名
前

1 三角形 ABC を 2 倍に拡大した三角形 DEF を，3 つの辺の長さを
使ってかきましょう。

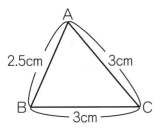

E　　　　　　　　　　　F

2 三角形 ABC を 2 倍に拡大した三角形 DEF を，2 辺とその間の角を
使ってかきましょう。

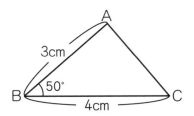

•
E

名
前

1 三角形 ABC を 2 倍に拡大した三角形 DEF を，1 つの辺の長さと
その両はしの角度を使ってかきましょう。

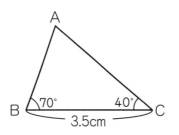

•
E

2 三角形 ABC を $\frac{1}{2}$ に縮小した三角形 DEF をかきましょう。

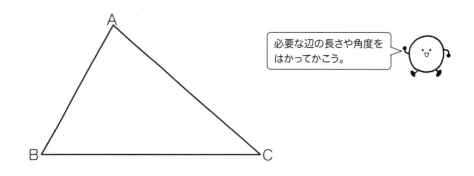

必要な辺の長さや角度を
はかってかこう。

E　　　　　　F

① 三角形 ABC の 2 倍の拡大図三角形 DBE を，頂点 B を中心にしてかきましょう。

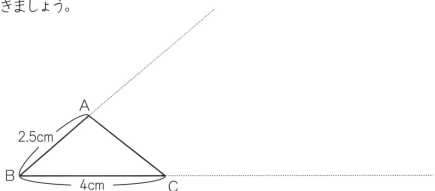

かき方
❶ 辺 BC をのばし，辺 BC の 2 倍の長さのところに点 E をとります。
❷ 辺 BA をのばし，辺 BA の 2 倍の長さのところに点 D をとります。
❸ 点 D と点 E を直線でつなます。

② 三角形 ABC の 2 倍の拡大図を，頂点 B を中心にしてかきましょう。

辺の長さは，コンパスでうつし取るといいね。

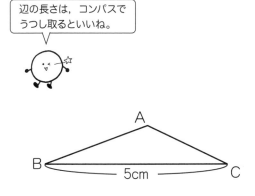

① 三角形 ABC の $\frac{1}{2}$ の縮図を頂点 B を中心にしてかきましょう。

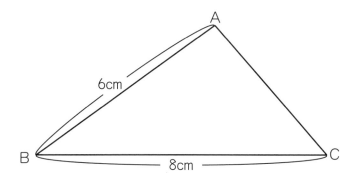

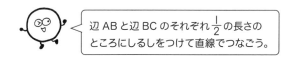

辺 AB と辺 BC のそれぞれ $\frac{1}{2}$ の長さのところにしるしをつけて直線でつなごう。

② 三角形 ABC の $\frac{1}{3}$ の縮図を頂点 B を中心にしてかきましょう。

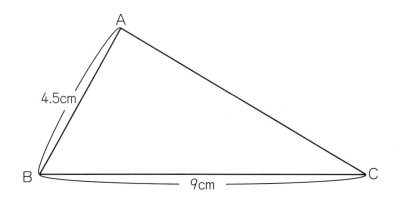

1　四角形 ABCD の 2 倍の拡大図を，頂点 B を中心にしてかきましょう。

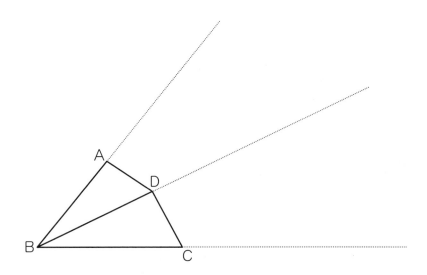

2　四角形 ABCD の 2 倍の拡大図と $\frac{1}{2}$ の縮図を頂点 B を中心にして，かきましょう。

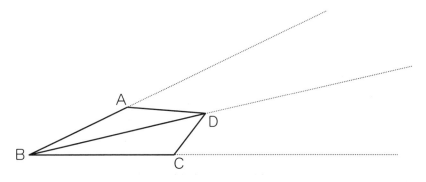

● 下の家のまわりの縮図を見て答えましょう。

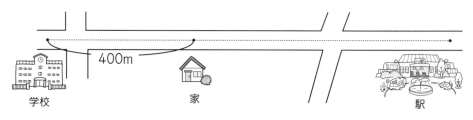

① 家から学校までの実際の道のりは 400m です。
　縮図では，家から学校までは何 cm になっていますか。

答え _____

② この縮図は，実際の長さを何分の 1 に縮小したものですか。

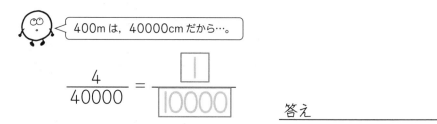

400m は，40000cm だから…。

$$\frac{4}{40000} = \frac{1}{10000}$$

答え _____

③ 縮図では，家から駅までは何 cm ですか。

答え _____

④ 家から駅までの実際の道のりは何 m ですか。

式

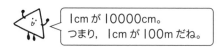

1cm が 10000cm。
つまり，1cm が 100m だね。

答え _____

拡大図と縮図（13）

名前

● 右の図の木の高さは約何 m ですか。
三角形 ABC の $\frac{1}{100}$ の縮図をかいて
求めましょう。

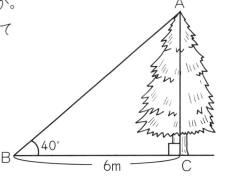

① 辺 BC は，何 cm にすれば
よいですか。

6m ＝ 600cm

600 ÷ 100 ＝ ☐

答え ＿＿＿＿＿＿＿＿

② 三角形 ABC の $\frac{1}{100}$ の縮図をかきましょう。

・B

③ 縮図の辺 AC の長さを測り，実際の長さを求めましょう。

式

答え　約 ＿＿＿＿＿＿＿＿

拡大図と縮図（14）

名前

● 右の図の AC のきょりは約何 m ですか。
三角形 ABC の $\frac{1}{1000}$ の縮図をかいて
求めましょう。

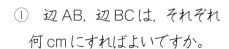

① 辺 AB，辺 BC は，それぞれ
何 cm にすればよいですか。

辺 AB　40m ＝ 4000cm

4000 ÷ 1000 ＝ ☐　☐ cm

辺 BC　50m ＝ 5000cm

5000 ÷ 1000 ＝ ☐　☐ cm

② 三角形 ABC の $\frac{1}{1000}$ の縮図を
かきましょう。

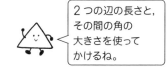

2つの辺の長さと，
その間の角の
大きさを使って
かけるね。

・B

③ 縮図の辺 AC の長さを測り，実際の長さを求めましょう。

式

答え　約 ＿＿＿＿＿＿＿＿

ふりかえりテスト ☀️📷 拡大図と縮図

名前

① ⑦の拡大図はどれですか。
また、それは何倍の拡大図ですか。(6×2)

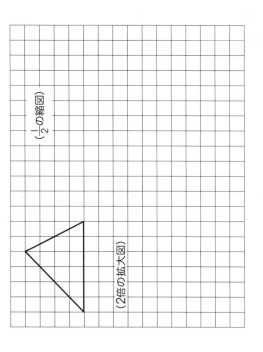

□ 倍

② ⑦の縮図はどれですか。
また、それは何分の1の縮図ですか。(6×2)

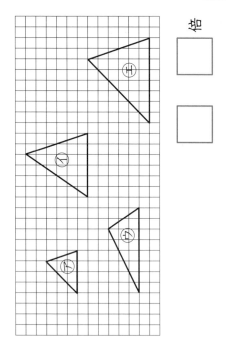

□ 分の1

③ 四角形 EFGH は、四角形 ABCD の2倍の拡大図です。(8×2)

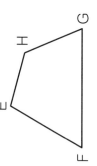

① 辺 AB の長さが3cm のとき、辺 EF は何 cm ですか。

答え _____

② 角 G が70°のとき、角 C は何度ですか。

答え _____

④ 下の三角形の2倍の拡大図と、$\frac{1}{2}$の縮図をかきましょう。(12×2)

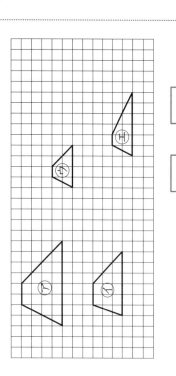

($\frac{1}{2}$の縮図)

(2倍の拡大図)

⑤ 三角形 ABC の2倍の拡大図と、$\frac{1}{2}$の縮図を、頂点 B を中心にしてかきましょう。(12×2)

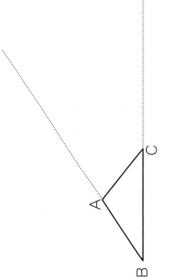

⑥ 四角形 ABCD の2倍の拡大図を、頂点 B を中心にしてかきましょう。(12)

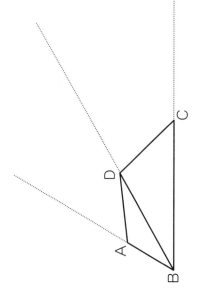

円の面積 (1)

① 円の面積を求める公式と円周の長さを求める公式を書きましょう。

円の面積 ＝ ☐ × ☐ × 3.14

円周の長さ ＝ ☐ × 3.14

円周は
5年生で
学習したよ。

② 次の円の面積と，円周の長さを求めましょう。

①

4cm

円の面積

式

答え _____

円周の長さ

直径 ＝ ☐ cm

式

答え _____

②
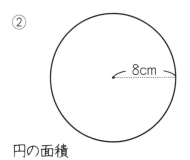
8cm

円の面積

式

答え _____

円周の長さ

直径 ＝ ☐ cm

式

答え _____

円の面積 (2)

● 次の円の面積を求めましょう。

①
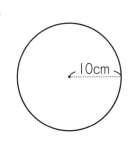
10cm

式

答え _____

②

6cm

式

答え _____

③
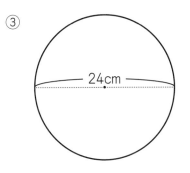
24cm

半径 ＝ ☐ cm

式

答え _____

④
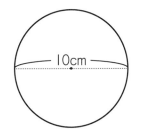
10cm

半径 ＝ ☐ cm

式

答え _____

円の面積（3）

● 次の図形の色をぬった部分の面積を求めましょう。

①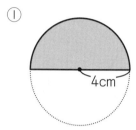

4cm

円全体の面積を
2でわるといいね。

式

答え _____

②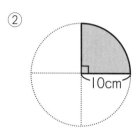

10cm

円の $\frac{1}{4}$ の大きさを
求めるといいね。

式

答え _____

③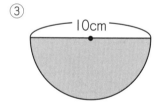

10cm

半径 = [_____] cm

式

答え _____

④

6cm

式

答え _____

円の面積（4）

● 右の図形の色をぬった部分の面積を
求めましょう。

考え方

大きい円から小さい円をひく。

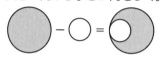

○ ー ○ ＝ ○

5cm

① 大きい円の面積を求めましょう。

半径 = [_____] cm

式

答え _____

② 小さい円の面積を求めましょう。

式

答え _____

③ 色をぬった部分の面積を求めましょう。

式

答え _____

円の面積 (5)

1 右の図形の色をぬった部分の面積を
   求めましょう。

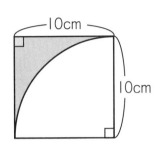

10cm
10cm

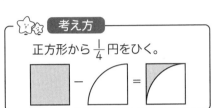

考え方

正方形から $\frac{1}{4}$ 円をひく。

□ － ◁ ＝ ◀

正方形の面積

式

答え

$\frac{1}{4}$ 円の面積

式

答え

色をぬった部分の面積を求めましょう。

式

答え

2 右の図形の色をぬった部分の面積を求めましょう。

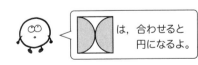

は, 合わせると
円になるよ。

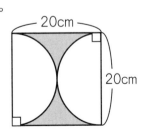

20cm
20cm

式

答え

円の面積 (6)

● 次の図形の面積を求めましょう。
  面積の広い順に下の（　）に記号を書きましょう。

㋐ 半径 9cm の円

㋑

12cm

式

答え

式

答え

㋒

8cm

㋓

8cm

式

答え

式

答え

㋔ 色をぬった部分

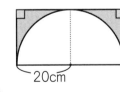

20cm

式

答え

1（　）
2（　）
3（　）
4（　）
5（　）

広い順に
1から
記号を
書こう。

ふりかえりテスト ☀️📷 円の面積

1 円の面積を求める公式を書きましょう。(10)

円の面積 ＝ □ × □ × □

2 次の図形の面積を求めましょう。(10×6)

①
3cm

式

答え _____

②
5cm

式

答え _____

③
18cm

式

答え _____

④
12cm

式

答え _____

⑤
2cm

式

答え _____

⑥
4cm

式

答え _____

3 次の図形の色をぬった部分の面積を求めましょう。

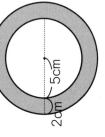
5cm
2cm

① まず、大きい円の面積を求めましょう。(10)

式

答え _____

② 次に、小さい円の面積を求めましょう。(10)

式

答え _____

③ ①と②から、色をぬった部分の面積を求めましょう。(10)

式

答え _____

60

角柱と円柱の体積 （1）

名前 _____

① 右の四角柱（直方体）の体積を求めましょう。

① 四角柱の底面積を求めましょう。

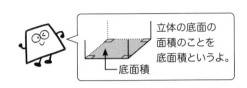

立体の底面の面積のことを底面積というよ。

└ 底面積

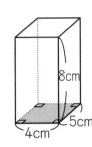

8cm
5cm
4cm

式

答え _____

② 角柱の体積を求める公式にあてはめて体積を求めましょう。

底面積		高さ		
	×		=	

角柱の体積 ＝ 底面積 × 高さ

答え _____

② 右の四角柱（立方体）の体積を求めましょう。

式

底面積			高さ		
	×		×	=	

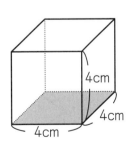

4cm
4cm
4cm

答え _____

角柱と円柱の体積 （2）

名前 _____

● 下の四角柱の体積を求めましょう。

角柱の体積 ＝ 底面積 × 高さ

①

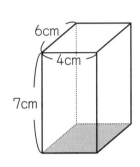

6cm
4cm
7cm

式

答え _____

② 立方体

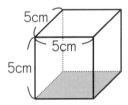

5cm
5cm
5cm

式

答え _____

③

15cm
8cm
5cm

式

答え _____

61

角柱と円柱の体積（3）

名前 _____

□1 右の三角柱の体積を求めましょう。

① 三角柱の底面積を求めましょう。

式

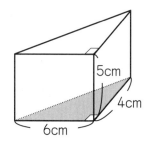

$\boxed{} \times \boxed{} \div 2 = \boxed{}$

答え _____

② 角柱の体積を求める公式にあてはめて体積を求めましょう。

底面積　　　高さ

$\boxed{} \times \boxed{} = \boxed{}$

答え _____

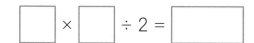

（角柱の体積＝底面積×高さ）は, すべての角柱に使えるね。

□2 右の三角柱の体積を求めましょう。

式

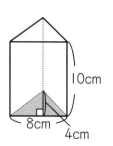

底面積　　　　高さ

$\boxed{} \times \boxed{} \div 2 \times \boxed{} = \boxed{}$

答え _____

角柱と円柱の体積（4）

名前 _____

● 下の三角柱の体積を求めましょう。　　（角柱の体積 ＝ 底面積 × 高さ）

①

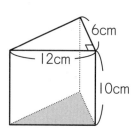

式

答え _____

②

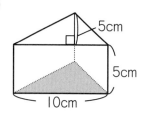

式

答え _____

③

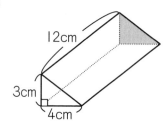

式

答え _____

62

角柱と円柱の体積（5）

名前 _____

1. 右の円柱の体積を求めましょう。

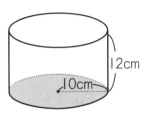

① 円柱の底面積を求めましょう。

式

$\boxed{} \times \boxed{} \times 3.14 = \boxed{}$

答え _____

② 円柱の体積を求める公式にあてはめて体積を求めましょう。

底面積　　高さ

$\boxed{} \times \boxed{} = \boxed{}$

〔円柱の体積 ＝ 底面積 × 高さ〕

答え _____

2. 右の円柱の体積を求めましょう。

式

底面積　　　　高さ

 $\times$  $\times 3.14 \times$ $=$ _____

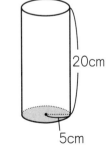

答え _____

角柱と円柱の体積（6）

名前 _____

● 下の立体の体積を求めましょう。　〔円柱の体積 ＝ 底面積 × 高さ〕

①

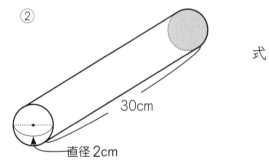

式

答え _____

②

30cm
直径2cm

式

答え _____

③

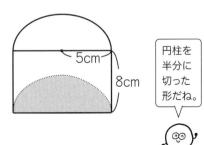

5cm
8cm

円柱を半分に切った形だね。

式

答え _____

角柱と円柱の体積（7）

名前

● 下の立体の体積を求めましょう。

角柱の体積 ＝ 底面積 × 高さ

①

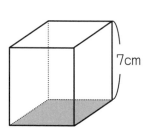
7cm

平行四辺形の面積は、
底辺×高さ　で求められたね。

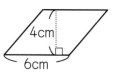

底辺（平行四辺形）
4cm
6cm

式

答え

②

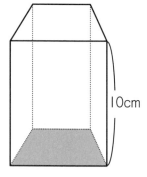
10cm

台形の面積は、
（上底＋下底）×高さ÷÷2　で求められたね。

底辺（台形）
3cm
5cm
8cm

式

答え

角柱と円柱の体積（8）

名前

● 右の立体の体積を求めます。
色をぬった部分を底面積として
考えましょう。

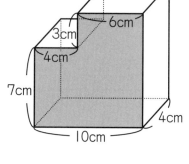
6cm
3cm
4cm
7cm
4cm
10cm

① 底面積を求めましょう。

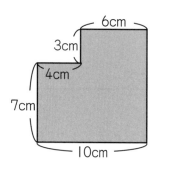
6cm
3cm
4cm
7cm
10cm

式

答え

② 高さは何 cm ですか。

答え

③ 体積を求めましょう。

式

答え

2 右の立体の体積を求めましょう。
※ 色をぬった部分を底面積として
考えましょう。

式

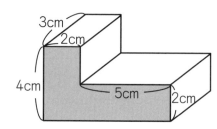
3cm
2cm
4cm
5cm
2cm

答え

ふりかえりテスト ☀️ 📷 角柱と円柱の体積

1 角柱・円柱の体積を求める公式を書きましょう。(10)

角柱・円柱の体積 ＝ ☐ × 高さ

2 次の角柱の体積を求めましょう。(15×4)

①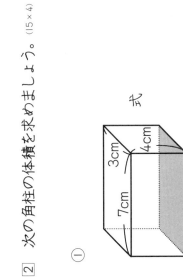

7cm 3cm 4cm

式

答え _____

②

8cm 3cm 6cm

式

答え _____

③

5cm 10cm 4cm

式

答え _____

④

5cm

式

答え _____

底辺（ひし形）

4cm 8cm

3 次の立体の体積を求めましょう。(15×2)

①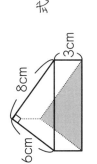

4cm 5cm

式

答え _____

②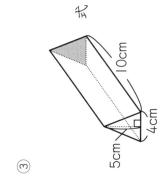

7cm 2cm

式

答え _____

65

およその面積と体積 (1)

およその面積

名前 _____

① 右のような形の池の
およその面積を求めましょう。

平行四辺形とみて
面積を求めよう。

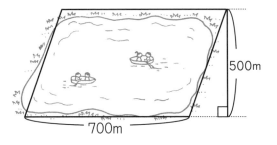

500m

700m

式

| | × | | = | |

答え　約 _____

② 右のような形の公園の
およその面積を求めましょう。

円とみて
面積を求めよう。

200m

式

| | × | | × 3.14 = | |

答え　約 _____

およその面積と体積 (2)

およその面積

名前 _____

① 右のような形の公園の
およその面積を求めましょう。

平行四辺形とみて
面積を求めよう。

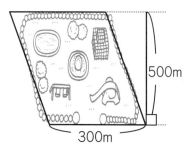

500m

300m

式

答え　約 _____

② 右のような形の畑の
およその面積を求めましょう。

台形とみて
面積を求めよう。

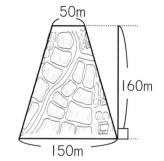

50m

160m

150m

式

答え　約 _____

およその面積と体積 (3)

およその体積

名前

① れいぞうこを図のように
四角柱とみて，およその容積を
求めましょう。

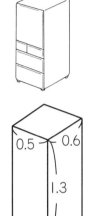

式

（長さの単位は m）

答え　約　　　　　m^3

② のりまきを図のように
円柱とみて，およその体積を
求めましょう。

※ 電卓を使って計算してみよう。

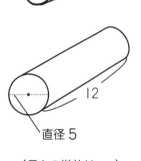

直径 5

（長さの単位は cm）

式

答え　約　　　　　cm^3

およその面積と体積 (4)

およその体積

名前

① バスを図のように四角柱とみて，
およその容積を求めましょう。

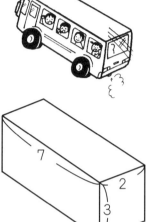

式

（長さの単位は m）

答え　約　　　　　m^3

② バウムクーヘンのおよその体積を
求めましょう。

※ 電卓を使って計算してみよう。

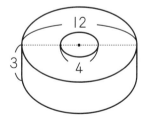

（長さの単位は cm）

式

答え　約　　　　　cm^3

比例 (1)

名前 _____

● 直方体の水そうに水を入れます。1分間に3cmの深さの水を入れるときの，水を入れる時間と水の深さの関係を調べましょう。

① 次の時間では，水の深さは何cmになりますか。

2分…( ) cm　　3分…( ) cm　　4分…( ) cm

② 時間をx分，深さを$y$cmとして，下の表を完成させましょう。

水を入れる時間と深さ

時間 x (分)	1	2	3	4	5	6
深さ y (cm)	3					

③ 深さは時間に比例していますか。正しい方に○をつけましょう。

(比例している ・ 比例していない)

④ 表を見て，( )にあてはまる数を書きましょう。

・xの値が2倍，3倍になると，yの値も ( ) 倍，

( ) 倍になります。

・yの数をxの数でわると，いつも ( ) になります。

・xの値が1増えるとき，yの値はいつも ( ) 増えます。

⑤ ( )にあてはまる数を入れて，yをxの式で表しましょう。

$y = ($ 決まった数 $) \times x$

比例 (2)

名前 _____

● 縦の長さが4cmの長方形の横を$x$cm，面積を$y$cm²として，2つの量の関係を表を使って調べましょう。

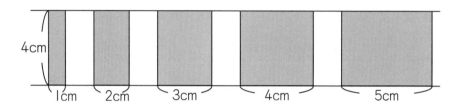

① 表を完成させましょう。

長方形の横の長さと面積

横の長さ x (cm)	1	2	3	4	5	6
面積 y (cm²)	4					

② 面積は横の長さに比例していますか。正しい方に○をつけましょう。

(比例している ・ 比例していない)

③ 表を見て，( )にあてはまる数を書きましょう。

・xの値が2倍，3倍になると，yの値も ( ) 倍，

( ) 倍になります。

・yの数をxの数でわると，いつも ( ) になります。

・xの値が1増えるとき，yの値はいつも ( ) 増えます。

④ ( )にあてはまる数を入れて，yをxの式で表しましょう。

$y = ($ $) \times x$

比例 (3)

名前

● 1mの重さが50gの針金があります。針金の長さを xm，重さを yg として，2つの量の関係を調べましょう。

① 表を完成させましょう。

針金の長さと重さ

長さ x (m)	1	2	3	4	5	6	7
重さ y (g)	50						

② y（重さ）は x（長さ）に比例していますか。
正しい方に〇をつけましょう。

（ 比例している ・ 比例していない ）

③ 表を見て，（ ）にあてはまる数を書きましょう。

・x の値が $\frac{1}{2}$ 倍，$\frac{1}{3}$ 倍になると，y の値も（　　　）倍，

（　　　）倍になります。

・$y \div x$ の商は，いつも（　　　）になります。

④ y を x の式で表しましょう。

$$y = \boxed{}$$

比例 (4)

名前

● 下の図のように，底面積が8cm^2 の四角柱の高さを1cm，2cm，3cm…と変えていきます。

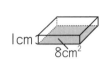

① 高さを $x$cm，体積を $y$$cm^3$ として，2つの量の関係を表にまとめましょう。

四角柱の高さと体積

高さ x (cm)	1	2	3	4	5	6
体積 y (cm^3)	8					

② 体積は高さに比例していますか。正しい方に〇をつけましょう。

（ 比例している ・ 比例していない ）

③ 表を見て，（ ）にあてはまる数を書きましょう。

・x の値が $\frac{1}{2}$ 倍，$\frac{1}{3}$ 倍になると，y の値も（　　　）倍，

（　　　）倍になります。

・$y \div x$ の商は，いつも（　　　）になります。

④ y を x の式で表しましょう。

$$y = \boxed{}$$

比例 (5)

名前

● 下の表は，底辺が 5cm の平行四辺形の高さ $x$cm と面積 $y$cm^2 を表したものです。

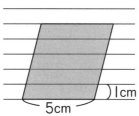

5cm　1cm

$\frac{1}{3}$ 倍　　0.6 倍

高さ x (cm)	1	2	3	4	5	6
面積 y (cm^2)	5	10	15	20	25	30

⑦ 倍　　㋑ 倍

① 平行四辺形の面積は高さに比例していますか。正しい方に○をつけましょう。

（ 比例している ・ 比例していない ）

② ⑦，㋑にあてはまる数を求めましょう。

⑦ （ 　　 ）　　㋑ （ 　　 ）

③ $y \div x$ の商は，いつもどんな数になりますか。 （ 　　 ）

④ y を x の式で表しましょう。

$y = $ [　　　　]

比例 (6)

名前

① 時速 60km の自動車が走る時間を x 時間，道のりを $y$km として考えましょう。

① 2 つの量の関係を表にまとめましょう。

時速 60km の自動車が走る時間と道のり

時間 x （時間）	1	2	3	4	5	6
道のり y (km)	60					

② y を x の式で表しましょう。

$y = $ [　　　　]

② 底面積が 10cm^2 の三角柱の高さを $x$cm，体積を $y$cm^3 として考えましょう。

① 2 つの量の関係を表にまとめましょう。

三角柱の高さと体積

高さ x (cm)	1	2	3	4	5	6
体積 y (cm^3)						

② y を x の式で表しましょう。

$y = $ [　　　　]

比例（7）

名前 _____

● 直方体の水そうに水を入れた時間 x 分と，たまった水の深さ y cm の関係を表すグラフをかきましょう。

水を入れた時間と深さ

x （分）	1	2	3	4	5	6
y （cm）	3	6	9	12	15	18

① x の値が 1,
y の値が 3 になる点を
右のグラフにとりましょう。

② x の値が 2,
y の値が 6 になる点を
右のグラフにとりましょう。

③ 同じように表にある x の
値に対応する y の値になる
点をとりましょう。

④ 0 の点を通るように
点を直線で結びましょう。

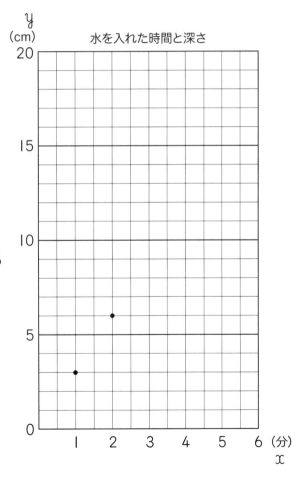

比例（8）

名前 _____

● 時速 40km で走る車の時間 x 時間と，道のり y km の関係を表すグラフをかきましょう。

① 表を完成させましょう。

時速 40km で走る車の時間と道のり

時間 x （時間）	1	2	3	4	5	6
道のり y （km）	40	80				

② x と y の関係を右の
グラフに表しましょう。

③ 0.5 時間では何 km
走っていますか。
（x が 0.5 のときの y の値を
読み取りましょう。）

答え _____

④ 3.5 時間では何 km
走っていますか。
（x が 3.5 のときの y の値を
読み取りましょう。）

答え _____

⑤ 220km を走るのは
スタートして何時間の
ときですか。
（y が 220 のときの x の値を
読み取りましょう。）

答え _____

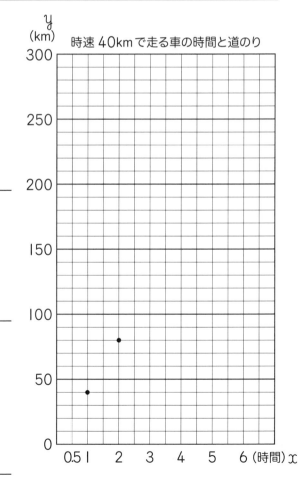

比例 (9)

名前 _____

● 下のグラフは，針金(はりがね)の長さ x m と重さ y g の関係を表したものです。

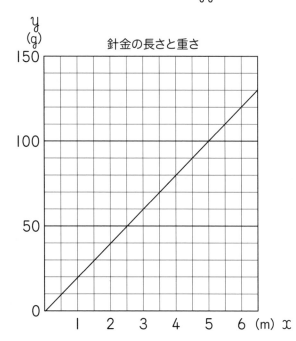

針金の長さと重さ

① 針金 1m の重さは何 g ですか。

答え _____

② y を x の式で表しましょう。

$y =$ [　　　　　]

③ 針金 2.5m の重さは何 g ですか。

式

答え _____

④ 針金 90g のときの長さは何 m ですか。

式

答え _____

比例 (10)

名前 _____

● 下のグラフは，電車 A と電車 B が同時に出発したときの，時間 x 時間と進んだ道のり y km を表しています。

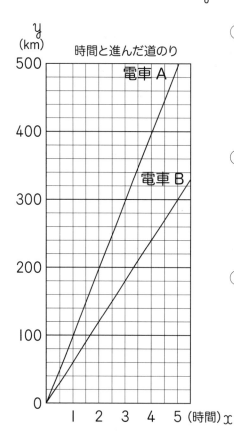

時間と進んだ道のり

電車 A
電車 B

① 電車 A と B の時速は，何 km ですか。

A　時速 _____ km

B　時速 _____ km

② y を x の式で表しましょう。

A　$y =$ [　　　　　]

B　$y =$ [　　　　　]

③ 出発して 3 時間たったとき，A と B は何 km 進んでいますか。

A　式

_____

B　式

_____

④ 420km 進むのにかかった時間は何時間ですか。

A　式　　　　　　　　B　式

_____　　　　_____

比例（11）

名前 _____

● 画用紙10枚の重さをはかったら80gでした。
　このことをもとにして，画用紙200枚の重さを求めましょう。

 ㋐, ㋑2つの方法で求めてみよう。

㋐　①　この画用紙1枚の重さを
　　　　求めましょう。

　式

　　　答え _____

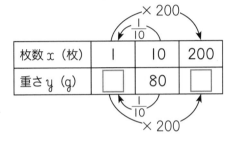

枚数 x（枚）	1	10	200
重さ y（g）	☐	80	☐

②　①で求めた画用紙1枚の重さを使って，200枚の重さを
　　　求めましょう。

　式

　　　　　　　　　　　　　答え _____

㋑　①　200は10の何倍ですか。

　　　答え _____

枚数 x（枚）	10	200
重さ y（g）	80	☐

☐倍

☐倍

②　重さ80gも同じ倍にして200gの重さを求めましょう。

　式

　　　　　　　　　　　　　答え _____

比例（12）

名前 _____

1　同じ重さのクリップ20個の重さをはかったら，12gでした。
　このクリップ300個の重さは何gになりますか。

　式

クリップの個数

個数 x（個）	20	300
重さ y（g）	12	☐

　　答え _____

2　比例の関係にあるものはどれですか。☐に○をつけましょう。

 表に数をあてはめてみるとよくわかるよ。

㋐　☐　底辺の長さが5cmの三角形の高さ x cm と面積 y cm²

高さ x（cm）	1	2	3	4	5
面積 y（cm²）					

㋑　☐　正方形の1辺の長さ x cm と面積 y cm²

1辺の長さ x（cm）	1	2	3	4	5
面積 y（cm²）					

㋒　☐　時速3kmで歩く人の歩いた時間 x 時間と歩いた道のり y km

時間 x（時間）	1	2	3	4	5
道のり y（km）					

反比例（1）

名前 _____

● 面積が 24cm² の長方形の，縦の長さ $x$cm と横の長さ $y$cm の関係を調べましょう。

① 下の表を完成させましょう。

面積が 24cm² の長方形の縦と横の長さ

縦の長さ x (cm)	1	2	3	4	5	6	8	12	24
横の長さ y (cm)	24	12							

② 次の文の □ にあてはまることばや数を下の から選んで書きましょう。

縦の長さ $x$cm が 2 倍になると，横の長さ $y$cm は □ 倍になります。

x が 3 倍になると，y は □ 倍になります。

このようになるとき，y は x に □ するといいます。

また，縦の長さ $x$cm と，横の長さ $y$cm をかけると，必ず □ になります。

> 比例　反比例　2倍　3倍　$\frac{1}{2}$　$\frac{1}{3}$　24　12

反比例（2）

名前 _____

● 面積が 12cm² の長方形の，縦の長さ $x$cm と横の長さ $y$cm の関係を調べましょう。

縦の長さ x (cm)	1	2	3	4	6	12
横の長さ y (cm)	12	6	4	3	2	1

（2倍 → 3倍 / ㋐倍 ㋑倍）

① 上の表の㋐，㋑にあてはまる数を書きましょう。

㋐（　　　）倍　　　　㋑（　　　）倍

② 横の長さ y は，縦の長さ x に反比例していますか。

（　　　　　　　　　　）

③ 縦の長さ x と横の長さ y をかけてみましょう。

$1 \times 12 = $ □　　　$2 \times 6 = $ □　　　$3 \times 4 = $ □

$4 \times 3 = $ □　　　$6 \times 2 = $ □　　　$12 \times 1 = $ □

④ 縦の長さ x と横の長さ y をかけると決まった数になります。その数は何ですか。下の式に数字を書きましょう。

$x \times y = $ □

⑤ 上の式から，y を x の式で表しましょう。

$y = $ □ $\div x$

反比例（3）

名前

● 36km の道のりを進むときの，時速 x km とかかる時間 y 時間を表にしました。

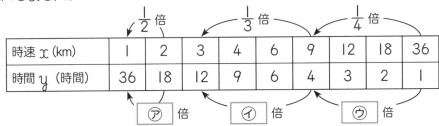

時速 x (km)	1	2	3	4	6	9	12	18	36
時間 y (時間)	36	18	12	9	6	4	3	2	1

① 上の表の㋐，㋑，㋒にあてはまる数を書きましょう。

㋐（　　　）倍　　㋑（　　　）倍　　㋒（　　　）倍

② 時間 y は，時速 x に反比例していますか。

（　　　　　　　　　　　　　　　　　）

③ 時速 x と時間 y をかけると決まった数になります。
その数は何ですか。下の □ に数字を書きましょう。

$$x \times y = \boxed{}$$

④ 上の式から，y を x の式で表しましょう。

$$y = \boxed{} \div x$$

⑤ x の値が 5 と 15 のときの y の値を求めましょう。

式　x の値　5　　　　　　　　答え＿＿＿＿＿＿＿

x の値　15　　　　　　　答え＿＿＿＿＿＿＿

反比例（4）

名前

● 300km の道のりを進むときの，時速 x km とかかる時間 y 時間は反比例しています。㋐，㋑，㋒にあてはまる数を求めましょう。

300km の道のりを進む時速と時間

時速 x (km)	10	20	㋑	50	60
時間 y (時間)	30	㋐	10	㋒	5

① 上の表の㋐，㋑，㋒にあてはまる数を書きましょう。

㋐（　　　）

㋑（　　　）

㋒（　　　）

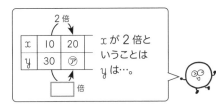

② □ にあてはまる数字を書きましょう。

$$x \times y = \boxed{}$$

③ y を x の式で表しましょう。

$$y = \boxed{} \div x$$

④ x の値が 25 のときの y の値を求めましょう。

式

答え＿＿＿＿＿＿＿

⑤ y の値が 7.5 のときの x の値を求めましょう。

式

答え＿＿＿＿＿＿＿

反比例（5）

● 面積が 12cm² の長方形の，縦の長さ x cm と横の長さ y cm の関係をグラフに表しましょう。

面積が 12cm² の長方形の縦と横の長さ

縦の長さ x (cm)	1	2	3	4	5	6	8	10	12
横の長さ y (cm)	12	6	4	3	2.4	2	1.5	1.2	1

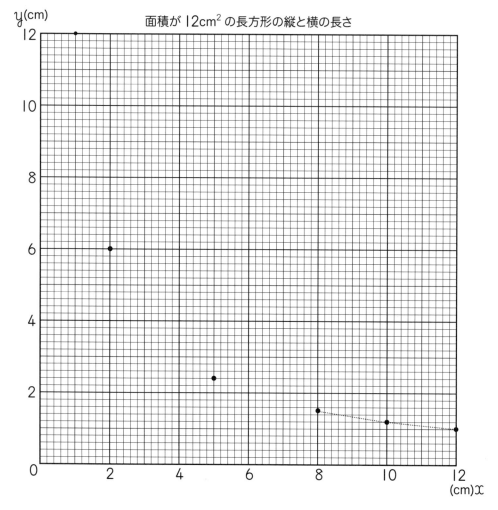

面積が 12cm² の長方形の縦と横の長さ

反比例（6）

● 36km の道のりを進む速さ時速 x km とかかる時間 y 時間は反比例しています。表を完成させ，グラフに表しましょう。

36km の道のりを進む時速とかかる時間

時速 x (km)	1	2	3	4	6	9	12	18	36
時間 y（時間）	36	18				4	3		1

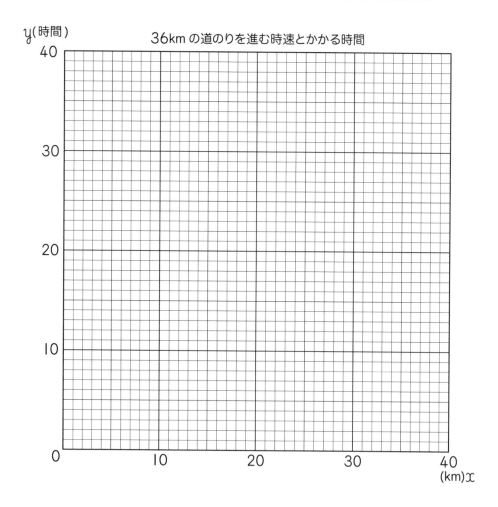

36km の道のりを進む時速とかかる時間

76

● 次の㋐〜㋑で x と y の関係は比例していますか，また，反比例していますか。あてはまる方に○をしましょう。

 ⟨表に数を入れていくとよくわかるよ。

㋐ 平行四辺形の面積が $20cm^2$ の底辺の長さ x cm と高さ y cm

底辺の長さ x (cm)	1	2	4	5	10
高さ y (cm)	20				

(比例　反比例)

㋑ 1枚 5g の紙の枚数 x 枚と重さ y g

紙の枚数 x (枚)	1	2	3	4	5
重さ y (g)					

(比例　反比例)

㋒ 底辺が 3cm の平行四辺形の高さ x cm と面積 y cm^2

高さ x (cm)	1	2	3	4	5
面積 y (cm^2)					

(比例　反比例)

㋓ 18m のリボンを分ける人数 x 人と1人分の長さ y m

人数 x (人)	1	2	3	6	9
1人分の長さ y (m)					

(比例　反比例)

● 次の㋐，㋑で，x と y の関係について調べましょう。

㋐ 時速 20km で進むときの時間 x 時間と道のり y km

時間 x (時間)	1	2	3	4	5
道のり y (km)	20	40	60	80	100

(比例　反比例)

㋑ 20km を進むときの速さ x km と時間 y 時間

速さ x (km)	1	2	4	5	10
時間 y (時間)	20	10	5	4	2

(比例　反比例)

① ㋐と㋑は比例していますか，それとも反比例していますか。あてはまる方に○をしましょう。

② ㋐と㋑にあてはまる式を □ から選んで書きましょう。

㋐ （　　　　　　） 　㋑ （　　　　　　）

$$y=20+x \qquad y=20×x \qquad y=20÷x$$

③ ㋐と㋑をグラフに表すとどんなグラフになりますか。下の㋕，㋖から選びましょう。

㋐ （　　　　） 　　　　㋑ （　　　　）

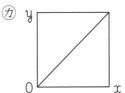

ふりかえりテスト　比例と反比例

□1 直方体の水そうに水を入れた時間 x 分と深さ y cm の2つの関係を調べます。

① ⑦〜⑦にあてはまる数を書きましょう。(4×3)

水を入れた時間と深さ

水を入れた時間 x(分)	1	2	3	4	5	6
水の深さ y(cm)	6	12	18	⑦	①	⑦

⑦( )　①( )　⑦( )

② y を x の式で表しましょう。(10)

$y =$ [　　　]

③ x と y の関係をグラフに表しましょう。(10)

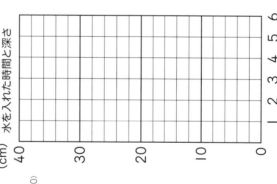

（水を入れた時間と深さ）

□2 下のグラフは、自転車が走った時間 x 時間と進んだ道のり y km の関係を表したものです。

① 自転車は時速何kmで走っていますか。(8)

答え _____

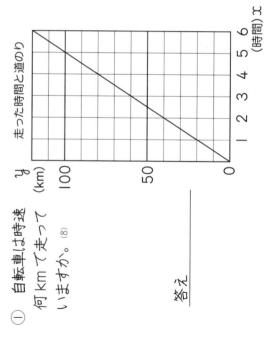

（走った時間と道のり）

② y を x の式で表しましょう。(10)

$y =$ [　　　]

③ 3.5時間走ると、何km進んでいますか。(8)

式

答え _____

④ 240km進むには何時間かかりますか。(8)

式

答え _____

③ 面積が 24cm² の長方形について、縦の長さ x cm と横の長さ y cm の関係を調べます。

面積が 24cm² の長方形の縦と横の長さ

縦の長さ x (cm)	1	2	3	4	6	12	24
横の長さ y (cm)	24	12	8	⑦	①	⑦	1

① 表の⑦〜⑦にあてはまる数を( )に書きましょう。(4×3)

⑦( )　①( )　⑦( )

② y を x の式で表しましょう。(10)

$y =$ [　　　]

③ x と y の関係をグラフに表しましょう。(12)

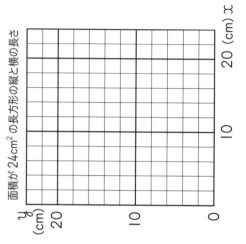

（面積が 24cm² の長方形の縦と横の長さ）

● はるとさん，りくさん，そうたさんの 3 人でリレーのチームを
つくります。3 人が走る順番は何通りあるか調べましょう。

はると　　　りく　　　そうた

① 第 1 走者を決めて，図にして考えましょう。

　⑦ 第 1 走者が はると の場合

第 1 走者　第 2 走者　第 3 走者

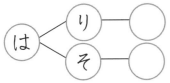

　　　　　　　　　　　　　□ 通り

　④ 第 1 走者が りく の場合

第 1 走者　第 2 走者　第 3 走者

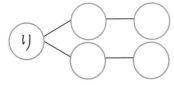

　　　　　　　　　　　　　□ 通り

　⑦ 第 1 走者が そうた の場合

第 1 走者　第 2 走者　第 3 走者

　　　　　　　　　　　　　□ 通り

② 3 人チームの走る順番は，全部で何通りありますか。

　　　　　　　　　　　　　□ 通り

● ゆうとさん，めいさん，はるきさん，さくらさんの 4 人でリレーの
チームをつくります。4 人が走る順番は何通りあるか調べましょう。

① 図をかいて，それぞれ何通りあるかを調べましょう。

　⑦ 第 1 走者が ゆうと の場合　　④ 第 1 走者が めい の場合

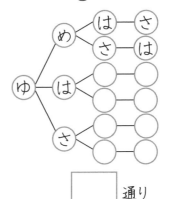 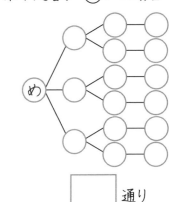

　　　□ 通り　　　　　　　　　　　　　□ 通り

　⑦ 第 1 走者が はるき の場合　　⑤ 第 1 走者が さくら の場合

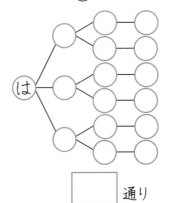 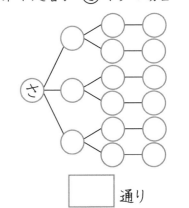

　　　□ 通り　　　　　　　　　　　　　□ 通り

② 4 人チームの走る順番は，全部で何通り
ありますか。

　　　　　　　　　　　　　□ 通り

79

並べ方と組み合わせ方（3）

名前

● ③, ④, ⑤ の3枚のカードを使って, 3けたの整数をつくります。できる整数は, 何通りあるか調べましょう。

① 百の位の数を決めて, 図にして考えましょう。

㋐ 百の位が ③ の場合

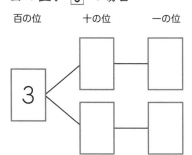

□ 通り

㋑ 百の位が ④ の場合

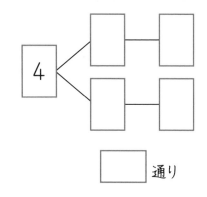

□ 通り

㋒ 百の位が ⑤ の場合

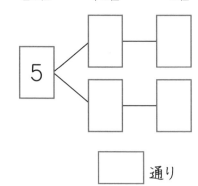

□ 通り

② 全部で何通りになりますか。

□ 通り

並べ方と組み合わせ方（4）

名前

1 ①, ②, ③, ④ の4枚のカードを使って, 4けたの整数をつくります。できる整数は, 何通りあるか調べましょう。

① 千の位が ① の場合, 何通りありますか。

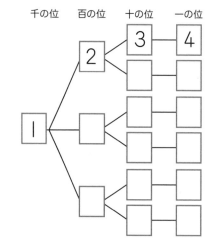

□ 通り

② 全部で何通りになりますか。

□ 通り

 千の位が ②, ③, ④ の場合も6通りずつあるから…。

2 ①, ②, ③, ④ の4枚のカードから2枚を使って, 2けたの整数をつくります。全部で何通りありますか。

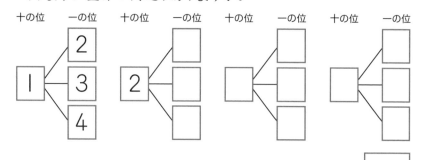

□ 通り

並べ方と組み合わせ方（5）　名前 _____

1　A, B, C, Dの4チームで, サッカー~
どのチームも, ちがったチームと1回ず~
み合わせがあり, 全部で何試合になりますか~
右の表を使って考えましょう。

①　AとA, BとB, CとC,
DとDは, 試合をすることは
ありません。そのますは, ななめの
線をひきます。

②　AとBの対戦とBとAの対戦は
同じです。対戦するところに○を
つけ, 同じところは×をつけましょう。

③　全部で何試合になりますか。

A	
B	×
C	
D	

☐ 試合

2　A, B, C, D, Eの5チームで
試合をすると, 全部で何試合に
なりますか。
右の図を使って調べましょう。

	A	B	C	D	E
A					
B					
C					
D					
E					

☐ 試合

並べ方と組み合わせ方（6）　名前 _____

●　下の4種類のケーキの中から, ちがう種類のケーキを2つ選んで
買います。どんな組み合わせがありますか。
また, 全部で何通りありますか。

㋛ョートケーキ　　㋠ョコレートケーキ　　㋺ールケーキ　　㋲ンブラン

①　右の表を使って, 2種類の
~合わせを調べましょう。

	㋛	㋠	㋺	㋲
㋛				
㋠				
㋺				
㋲				

~じ種類を選ばないので, ななめの
~ひいて, 同じ組み合わせの
~は×をつけよう。

②　組み合わせをすべて書きましょう。

| 　　　と　　　 | | 　　　と　　　 |

| 　　　と　　　 | | 　　　と　　　 |

| 　　　と　　　 | | 　　　と　　　 |

③　全部で何通りの組み合わせがありますか。

☐ 通り

定価2,145円
（本体1,950円+税10%）
補充注文カード
賣店名

年　月　日
部数　書名　発行所

978-4-86277-320-3

新版 教科書がっちり算数プリント
スタートアップ解法編　6年
解き方がよくわかり自分の力で練習できる

喜楽研
（わかる喜び学ぶ楽しさを
創造する教育研究所略称）

原田 善造

ISBN978-4-86277-320-3
C3037　¥1950E

定価2,145円
（本体1,950円+税10%）

並べ方と組み合わせ方（7）
名前 _____

● こうきさん，ゆいさん，れんさん，ひなたさんの
4人で公園に行きました。3人乗りの自転車が
ありました。3人で自転車に乗るにはどのような
組み合わせがありますか。
　また，全部で何通りありますか。

① 右の表を使って，3人の
　組み合わせを調べましょう。

こうき	ゆい	れん	ひなた
◯	◯	◯	

乗る人に
◯をしよう。

② 組み合わせをすべて書きましょう。

こうき　と　　ゆい　　と　　れん
と　　　　　　と
と　　　　　　と
と　　　　　　と

③ 全部で何通りの組み合わせがありますか。　☐ 通り

並べ方と組み合わせ方（8）
名前 _____

● 下の図で，Ⓐから Ⓓ まで行くのに，どんな行き方がありますか。
また，全部で何通りありますか。

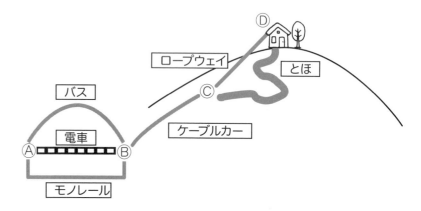

① Ⓐから Ⓑ をバスで行く場合，どんな行き方がありますか。
また，何通りありますか。

Ⓐ－ バス －Ⓑ－☐－Ⓒ－☐－Ⓓ

Ⓐ－ バス －Ⓑ－☐－Ⓒ－☐－Ⓓ

☐ 通り

② 全部で何通りの行き方がありますか。　☐ 通り

③ ⒷからⒸまでの行き方に バス が増えると，全部で何通りの
行き方になりますか。

☐ 通り

ふりかえりテスト ☀ 🎥 並べ方と組み合わせ

名前_____

---

1 あかりさん、みおさん、りんさん、ひなさんの4人でリレーのチームをつくります。4人の走る順番は何通りありますか。

① あかりさんが第1走者の場合は、何通りありますか。(8×2)

あかりさんを⑧、みおさんを⑥、りんさんを⑥、ひなさんを①として、図に表しましょう。

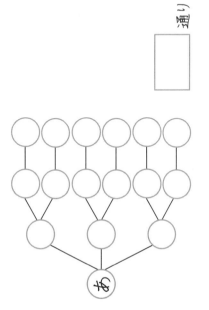

☐ 通り

② 4人が走る順番は、全部で何通りありますか。(8)

☐ 通り

---

2 5、6、7 の3枚のカードを使って、3けたの整数をつくります。

① 5 を百の位にした場合、何通りありますか。(8×2)

百の位　十の位　一の位

☐　☐

☐　☐

5

☐ 通り

② 全部で、何通りの整数ができますか。(8)

☐ 通り

---

3 A、B、C、Dの4人でテニスの試合をします。全員ちがった相手と1回ずつ試合をするとき、全部で何試合になりますか。(8×2)

	A	B	C	D
A				
B				
C				
D				

☐ 試合

---

4 ハム、レタス、たまご、ツナの4種類から具材を選んでサンドイッチを作ります。

① 具材を2種類選ぶ場合、組み合わせは何通りありますか。(9×2)

	ハム	レタス	たまご	ツナ
ハム				
レタス				
たまご				
ツナ				

☐ 通り

② 具材を3種類選ぶ場合、組み合わせは何通りありますか。(9×2)

	ハム	レタス	たまご	ツナ

☐ 通り

データの調べ方（1）

1. 下の表は，5年生と6年生が4月から9月までに読んだ本の冊数を調べたものです。

読んだ本の冊数調べ（5年）（冊）

①	15	⑥	30	⑪	17
②	20	⑦	12	⑫	35
③	20	⑧	25	⑬	15
④	18	⑨	13	⑭	12
⑤	12	⑩	18	⑮	8

読んだ本の冊数調べ（6年）（冊）

①	26	⑥	9	⑪	39
②	10	⑦	11	⑫	28
③	34	⑧	20		
④	6	⑨	15		
⑤	37	⑩	28		

① それぞれの学年で，いちばん多いのは何冊ですか。

5年 [　　　]　　　6年 [　　　]

② それぞれの学年で，いちばん少ないのは何冊ですか。

5年 [　　　]　　　6年 [　　　]

③ それぞれの学年の，合計は何冊ですか。

5年 [　　　]　　　6年 [　　　]

④ それぞれの学年の平均は何冊ですか。平均値を求めましょう。
（わりきれない場合は，小数第一位を四捨五入して整数で表しましょう。）

5年 [　　　]　　　6年 [　　　]

2. 1の表の5年生と6年生の本の冊数は，それぞれどんなはんいにどのようにちらばっているか調べましょう。

① 5年生と6年生の本の冊数をそれぞれドットプロットに表しましょう。

5年

6年

② 5年生，6年生それぞれで，いちばん多い冊数といちばん少ない冊数の差は何冊ですか。

5年 [　　　]　　　6年 [　　　]

③ それぞれの平均にあたるところに ▲ をかきましょう。

④ 5年生，6年生それぞれの冊数の最頻値は何冊ですか。

5年 [　　　]　　　6年 [　　　]

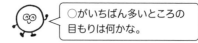
○がいちばん多いところの目もりは何かな。

データの調べ方 (2)

名前

● P.84 の 5 年生の読んだ本の冊数について，全体のちらばりが数でわかるように表に整理しましょう。

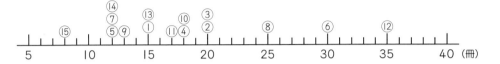

① それぞれの冊数の区間（階級）に入る人数を，右の表に書きましょう。

5 年生の読んだ本の冊数

冊数（冊）	人数（人）
5 以上 ～ 10 未満	1
10 ～ 15	4
15 ～ 20	
20 ～ 25	
25 ～ 30	
30 ～ 35	
35 ～ 40	
合 計	

② 10 冊以上 20 冊未満の人は何人いますか。

□ 人

③ ②の人数は全体の人数の何%ですか。

□ %

④ 冊数の中央値は何冊ですか。

□ 冊

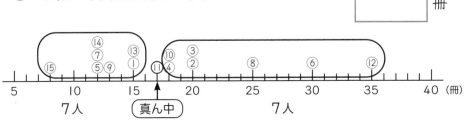

データの調べ方 (3)

名前

● P.84 の 6 年生の読んだ本の冊数について，全体のちらばりが数でわかるように表に整理しましょう。

① それぞれの冊数の区間（階級）に入る人数を，右の表に書きましょう。

6 年生の読んだ本の冊数

冊数（冊）	人数（人）
5 以上 ～ 10 未満	
10 ～ 15	
15 ～ 20	
20 ～ 25	
25 ～ 30	
30 ～ 35	
35 ～ 40	
合 計	

② 10 冊以上 20 冊未満の人は何人いますか。

□ 人

③ ②の人数は全体の人数の何%ですか。

□ %

④ 冊数の中央値は何冊ですか。

□ 冊

データの調べ方 (4)

名前 _____

● 下の表は，5年生と6年生の読んだ本の冊数をまとめたものです。

5年生の読んだ本の冊数

冊数（冊）	人数（人）
5 以上 ～ 10 未満	1
10 ～ 15	4
15 ～ 20	5
20 ～ 25	2
25 ～ 30	1
30 ～ 35	1
35 ～ 40	1
合 計	15

6年生の読んだ本の冊数

冊数（冊）	人数（人）
5 以上 ～ 10 未満	2
10 ～ 15	2
15 ～ 20	1
20 ～ 25	1
25 ～ 30	3
30 ～ 35	1
35 ～ 40	2
合 計	12

① 上の表をもとにして，5年生の読んだ本の冊数のちらばりの様子をグラフに表してみました。同じように6年生もグラフに表しましょう。

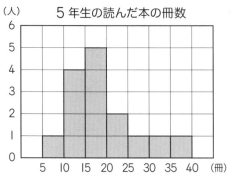
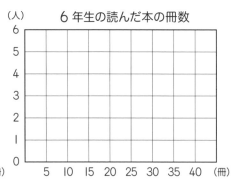

② このようなグラフを何といいますか。

_____

データの調べ方 (5)

名前 _____

● 下のグラフは，5年生と6年生の読んだ本の冊数を表したものです。

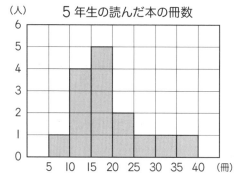
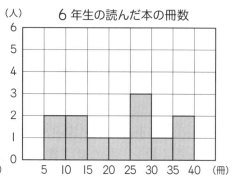

① 人数が最も多い階級は，それぞれ何冊以上何冊未満ですか。

5年 [＿＿＿] 以上 [＿＿＿] 未満

6年 [＿＿＿] 以上 [＿＿＿] 未満

② 20冊未満は，それぞれ何人ですか。

5年 [＿＿＿] 人　　　6年 [＿＿＿] 人

③ 25冊以上は，それぞれ何人ですか。
また，その割合は，それぞれ全体の何%ですか。

5年 [＿＿＿] 人 [＿＿＿] %

6年 [＿＿＿] 人 [＿＿＿] %

データの調べ方（6）

名前 _____

● 下の表は，1組と2組のソフトボール投げの結果を整理したものです。

ソフトボール投げ（1組）

記 録 (m)	人数（人）
15 以上～ 20 未満	3
20 ～ 25	2
25 ～ 30	3
30 ～ 35	4
35 ～ 40	5
40 ～ 45	1
合 計	18

ソフトボール投げ（2組）

記 録 (m)	人数（人）
15 以上～ 20 未満	4
20 ～ 25	2
25 ～ 30	6
30 ～ 35	5
35 ～ 40	0
40 ～ 45	3
合 計	20

① 柱状グラフに表しましょう。

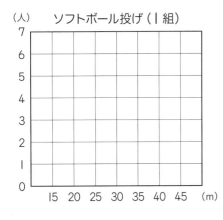

ソフトボール投げ（1組）　ソフトボール投げ（2組）

② 度数が最も多い階級は，それぞれ何m以上何m未満ですか。

1組 ☐☐☐☐ 以上 ☐☐☐☐ 未満

2組 ☐☐☐☐ 以上 ☐☐☐☐ 未満

データの調べ方（7）

名前 _____

● 下の表は，3組と4組の上体反らしの結果を整理したものです。

上体反らし（3組）

記 録 (cm)	人数（人）
40 以上～ 45 未満	2
45 ～ 50	4
50 ～ 55	3
55 ～ 60	6
60 ～ 65	3
65 ～ 70	4
合 計	22

上体反らし（4組）

記 録 (cm)	人数（人）
40 以上～ 45 未満	4
45 ～ 50	3
50 ～ 55	6
55 ～ 60	4
60 ～ 65	7
65 ～ 70	0
合 計	24

① 柱状グラフに表しましょう。

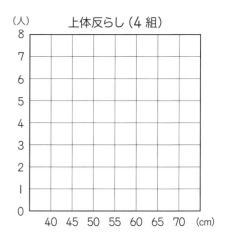

上体反らし（3組）　上体反らし（4組）

② 度数が最も多い階級は，それぞれ何cm以上何cm未満ですか。

3組 ☐☐☐☐ 以上 ☐☐☐☐ 未満

4組 ☐☐☐☐ 以上 ☐☐☐☐ 未満

データの調べ方 (8)

名前 _____

● 1組と2組の反復横とびの記録を柱状グラフに表しました。

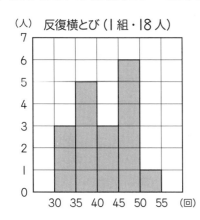

(人) 反復横とび (1組・18人)

(人) 反復横とび (2組・19人)

① 中央値は, それぞれどの階級にありますか。

1組 [____] 以上 [____] 未満

> 1組は全部で18人だから, 真ん中にあたるのは, 9人, 10人の値だね。

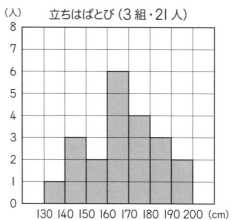

↑ ここ

2組 [____] 以上 [____] 未満

② 度数がいちばん大きい階級は, それぞれどの階級ですか。
また, その割合は全体の何%ですか。
(わりきれない場合は, 小数第三位を四捨五入して%で表しましょう。)

1組 [____] 以上 [____] 未満, [____] %

2組 [____] 以上 [____] 未満, [____] %

データの調べ方 (9)

名前 _____

● 3組と4組の立ちはばとびの記録を柱状グラフに表しました。

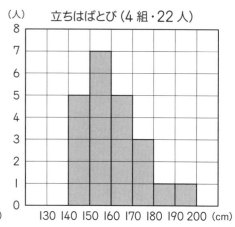

(人) 立ちはばとび (3組・21人)

(人) 立ちはばとび (4組・22人)

① 中央値は, それぞれどの階級にありますか。

3組 [____] 以上 [____] 未満

4組 [____] 以上 [____] 未満

② 度数がいちばん大きい階級は, それぞれどの階級ですか。
また, その割合は全体の何%ですか。
(わりきれない場合は, 小数第三位を四捨五入して%で表しましょう。)

3組 [____] 以上 [____] 未満, [____] %

4組 [____] 以上 [____] 未満, [____] %

ふりかえりテスト データの調べ方

名前

④ 最頻値は何mですか。(8)

[　　] m

⑤ 度数がいちばん大きい階級は、どの階級ですか。また、その割合は全体の何％ですか。(わりきれない場合は、小数第二位を四捨五入して％で表しましょう。)(10)

[　　] 以上 [　　] 未満，[　　] %

② 5年生と6年生の1日の学習時間を柱状グラフに表しました。グラフをみて、答えましょう。

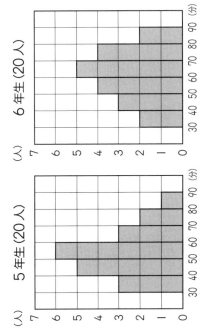

5年生(20人)　　　6年生(20人)

① 中央値は、どの階級にありますか。(10×2)

5年　[　　] 以上 [　　] 未満

6年　[　　] 以上 [　　] 未満

② 度数がいちばん大きい階級は、どの階級ですか。また、その割合は全体の何％ですか。(10×2)

5年　[　　] 以上 [　　] 未満，[　　] %

6年　[　　] 以上 [　　] 未満，[　　] %

1 下の表は、ボール投げの記録です。

ボール投げの記録 (m)

①	15	⑥	38	⑪	40
②	22	⑦	25	⑫	18
③	28	⑧	23	⑬	35
④	30	⑨	25	⑭	25
⑤	24	⑩	31	⑮	36

① 記録をドットプロットに表しましょう。(12)

15　20　25　30　35　40　45 (m)

② ちらばりを表にまとめましょう。(15)

ボール投げの記録

記録 (m)	人数 (人)
15以上 ～ 20未満	
20 ～ 25	
25 ～ 30	
30 ～ 35	
35 ～ 40	
40 ～ 45	
合計	

③ 柱状グラフに表しましょう。(15)

ボール投げの記録

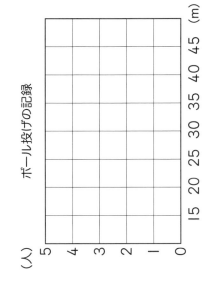

(人) 5 4 3 2 1 0　15 20 25 30 35 40 45 (m)

P.2

対称な図形（1）
線対称　　名前

① 下の図を見て，□にあてはまることばを□□から選んで書きましょう。

直線アイを折り目にして折ると，両側の部分がぴったり重なります。このような図形を　**線対称な図形**　といいます。また，折り目になる直線アイを　**対称の軸**　といいます。

> 線対称な図形　・　対称の軸

② 下の図は，線対称な図形です。対称の軸をひきましょう。

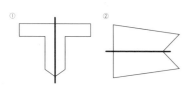

対称な図形（2）
線対称　　名前

● 下の図は，直線アイを対称の軸とする線対称な図形です。次の問いに答えましょう。

① 対応する点をそれぞれ書きましょう。

点B　点　**G**
点C　点　**F**
点D　点　**E**

② 対応する辺をそれぞれ書きましょう。

辺AB　辺　**AG**
辺BC　辺　**GF**
辺CD　辺　**FE**

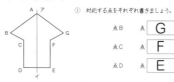
対称の軸で折ったときに重なる点，辺，角をそれぞれ対応する点，辺，角というね。

③ 対応する角をそれぞれ書きましょう。

角G　角　**B**
角F　角　**C**
角E　角　**D**

P.3

対称な図形（3）
線対称　　名前

● 下の線対称な図形について調べましょう。

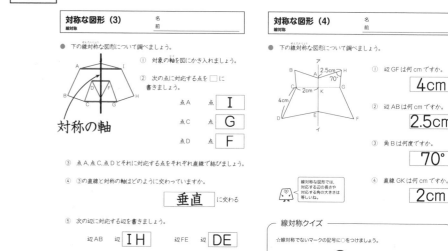

対称の軸

① 対象の軸を図にかき入れましょう。

② 次の点に対応する点を□に書きましょう。

点A　点　**I**
点C　点　**G**
点D　点　**F**

③ 点A，点C，点Dとそれに対応する点をそれぞれ直線で結びましょう。

④ ③の直線と対称の軸はどのように交わっていますか。

> **垂直**　に交わる

⑤ 次の辺に対応する辺を書きましょう。

辺AB　辺　**IH**　　辺FE　辺　**DE**

⑥ 対応する2本の辺の長さは，等しいですか。等しくないですか。

> **等しい**

対称な図形（4）
線対称　　名前

● 下の線対称な図形について調べましょう。

① 辺GFは何cmですか。

> **4cm**

② 辺ABは何cmですか。

> **2.5cm**

③ 角Bは何度ですか。

> **70°**

線対称な図形では，対応する辺の長さや対応する角の大きさは等しいね。

④ 直線GKは何cmですか。

> **2cm**

線対称クイズ

☆線対称でないマークの記号に○をつけましょう。

A 東京都　　B 滋賀県　　C 神奈川県

P.4

対称な図形（5）
線対称　　名前

① 直線アイを対称の軸とした，線対称な図形を①〜③の順にかきましょう。

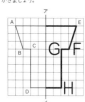

① 点Aに対応する点Eをとります。
※ 点Aから対称の軸までの長さと，点Eから対称の軸までの長さは同じです。
② 点B，点C，点Dそれぞれに対応する点F，G，Hをとります。
③ とった点を直線でつないで，線対称な図形をかきましょう。

② 直線アイを対称の軸とした，線対称な図形をかきましょう。

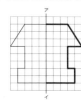

対称な図形（6）
線対称　　名前

① 直線アイを対称の軸とした，線対称な図形を①〜④の順にかきましょう。

① 図の点線のように点Aから対称の軸に垂直な直線をひき，それをのばします。
② 点Aからウまでと同じ長さになるところに，点Aに対応する点をとります。
③ 同じようにして，点Bに対応する点をとります。
④ とった点をつなぎ，線対称な図形をかきましょう。

② 直線アイを対称の軸とした，線対称な図形をかきましょう。

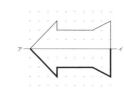

P.5

対称な図形（7）
点対称　　名前

● 下の図を見て答えましょう。

① □にあてはまることばを□□から選んで書きましょう。

左の図は，点Oを中心にして　**180**　度回転すると，もとの形にぴったり重なります。このような図形を　**点対称**　な図形といいます。中心の点Oを　**対称の中心**　といいます。

> 点対称　・　対称の中心　・　90　・　180

② 次の点や辺に対応する点，対応する辺をそれぞれ書きましょう。

【対応する点】
点A　点　**D**
点C　点　**F**

【対応する辺】
辺AB　辺　**DE**
辺BC　辺　**EF**

対称な図形（8）
点対称　　名前

● 下の点対称な図形について調べましょう。

① 対応する2つの点をそれぞれ直線で結びましょう。

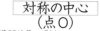

② 対応する2つの点を結んだ直線はどこで交わりますか。

> **対称の中心（点O）**

③ 直線AOは3cmです。直線DOは何cmですか。

> **3cm**

④ 直線FOは4cmです。直線COは何cmですか。

> **4cm**

対称の中心から，対応する2つの点までの長さは等しい。

P.6

対称な図形（9）
点対称　名前

● 下の点対称な図形について調べましょう。

① 対応する２つの点をそれぞれ直線で結びましょう。

② 対称の中心Oを図にかきましょう。

> 対応する２つの点を結ぶ直線は対称の中心を通ったね。

③ 直線AOは5cmです。直線DOは何cmですか。

5cm

④ 次の辺の長さと角の大きさを書きましょう。

辺AF **7cm**　角D **80°**

対称の中心から，対応する２つの点までの長さは等しい。

対称な図形（10）
点対称　名前

● 下の点対称な図形（平行四辺形）について調べましょう。

① 対応する２つの点をそれぞれ直線で結びましょう。

② 対称の中心Oを図にかきましょう。

③ 点Eから対称の中心Oを通る直線をひき，点Eに対応する点Gを図にかきましょう。

④ 点Fから対称の中心Oを通る直線をひき，点Fに対応する点Hを図にかきましょう。

⑤ 直線EOは3cmです。直線EGは何cmですか。

6cm

P.7

対称な図形（11）
点対称　名前

① 点Oを対称の中心とした点対称な図形を①〜③の順にかきましょう。

① 点Aに対応する点は点Eです。

② 次に，点Bから対称の中心点Oを通る直線をひき，点Bから中心までと同じ長さのところに点Fをとります。

③ 同じように点C，点Dに対応する点G，点Hをとり，直線でつなぎましょう。

② 点Oを対称の中心とした点対称な図形をかきましょう。

対称な図形（12）
点対称　名前

● 点Oを対称の中心とした点対称な図形を①〜④の順にかきましょう。

① 点Aに対応する点は点Dです。

② 点Bから点Oを通る直線をひき，直線BOと同じ長さのところに，点Bに対応する点をとります。

③ ②と同じようにして，点Cに対応する点をとります。

④ 点を直線で結び，点対称な図を仕上げましょう。

対称図形クイズ

☆線対称のマークにはA，点対称のマークにはB，線対称でも点対称でもあるマークにはCを□に書きましょう。

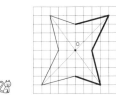

ア 灯台	イ 郵便局	ウ 道路標識	エ 発電所
C	**A**	**B**	**B**

P.8

対称な図形（13）
点対称　名前

● 点Oを対称の中心とした点対称な図形をかきましょう。

①

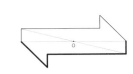

②

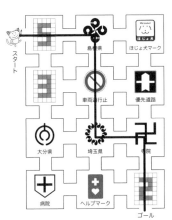

対称な図形（14）
点対称　名前

● 点対称な図形を通って進みましょう。

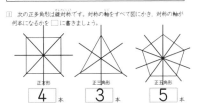

スタート　島根県　ほじょ犬マーク
車両通行止　優先道路
大分県　埼玉県　寺院
病院　ヘルプマーク　ゴール

P.9

対称な図形（15）
名前

① 次の正多角形は線対称です。対称の軸をすべて図にかき，対称の軸が何本になるかを□に書きましょう。

正方形	正三角形	正五角形
4 本	**3** 本	**5** 本

② 次のうち，点対称な図形はどれですか。点対称な図形には□に○をつけ，対称の中心Oを図にかきましょう。

正方形	正三角形	正六角形
○		**○**

対称な図形（16）
名前

① 次の３つの四角形は，線対称な図形ですか。線対称な図形には（　）に○をつけ，対称の軸をすべて図にかきましょう。そして，対称の軸が何本になるかを下の□に書きましょう。

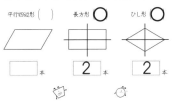

平行四辺形（　）	長方形 **○**	ひし形 **○**
□ 本	**2** 本	**2** 本

② 次の３つの四角形は，点対称な図形ですか。点対称な図形には（　）に○をつけ，対称の中心Oを図にかきましょう。

平行四辺形 **○**　長方形 **○**　ひし形 **○**

P.10

対称な図形（17）　名前

① 次の四角形について調べましょう。

		線対称 ○×	対称の軸の数	点対称 ○×
正方形	□	○	4	○
長方形	▭	○	2	○
平行四辺形	▱	×		○
ひし形	◇	○	2	○

② 円について，合っていれば○，まちがっていれば×をつけましょう。

① 円は，線対称な図形です。　○

② 円は，点対称な図形です。　○

③ 対称の軸の数は，無数にあります。　○

10

対称な図形（18）　名前

● 正多角形と円について，表にまとめましょう。

		線対称 ○×	対称の軸の数	点対称 ○×
正三角形	△	○	3	×
正方形	□	○	4	○
正五角形	⬠	○	5	×
正六角形	⬡	○	6	○
正七角形		○	7	×
正八角形		○	8	○
円	○	○	無数	○

P.11

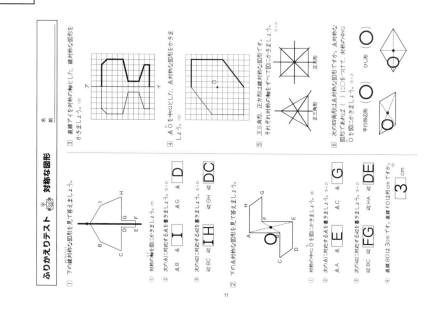

ふりかえりテスト　対称な図形　11

P.12

文字と式（1）　名前

● 1個 30円のあめを何個か買ったときの代金を表す式を書きましょう。

① 次の個数のときの代金を求める式を書きましょう。

	1個の値段	個数
1個のとき	30 ×	1
2個のとき	30 ×	2
3個のとき	30 ×	3
4個のとき	30 ×	4
□個のとき	30 ×	□

1個の値段の30（円）は変わらないね。

② あめをエ個買ったときの代金を表す式を書きましょう。

エ個のとき　30 × x

③ 個数エが，10個と15個のときの代金を求めましょう。

10個　式　30×10=300　答え　300円

15個　式　30×15=450　答え　450円

12

文字と式（2）　名前

● 1個 150円のマドレーヌを何個か 120円のふくろにつめて買ったときの代金を求める式を書きましょう。

① 次の個数のときの代金を求める式を書きましょう。

	1個の値段	個数	ふくろの値段
1個のとき	150 ×	1	+ 120
2個のとき	150 ×	2	+ 120
3個のとき	150 ×	3	+ 120
4個のとき	150 ×	4	+ 120

 変わる数はマドレーヌの個数だね。

② マドレーヌがエ個のときの代金を表す式を書きましょう。

エ個のとき　150 × x + 120

③ 個数エが，20個のときの代金を求めましょう。

式　150×20+120=3120

答え　3120円

P.13

文字と式（3）　名前

● 高さが5cmの平行四辺形の底辺の長さと面積の関係を表す式を書きましょう。

① 平行四辺形の面積を求める式を書きましょう。

底辺 × 高さ = 平行四辺形の面積

② 底辺が次の長さのときの面積を，式を書いて求めましょう。

	底辺		高さ		面積	
1cmのとき	1	×	5	=	5	(cm²)
2cmのとき	2	×	5	=	10	(cm²)
5cmのとき	5	×	5	=	25	(cm²)
エcmのとき	x	×	5	=	y	(cm²)

③ 底辺をエ，面積をyとして，エとyの関係を表した式を書きましょう。

x × 5 = y

④ エの値が3,4と12のときの対応するyの値をそれぞれ求めましょう。

㋐ 3,4　3.4×5=17　答え　17

㋑ 12　12×5=60　答え　60

13

文字と式（4）　名前

● 1パック 200mL 入りの牛乳がエパックあります。牛乳全部の量を ymL として，エとyの関係を式に表しましょう。

① □ にあてはまる数や文字を入れて式を完成させましょう。

200 × x = y

② エの値（牛乳パックの数）を5，8，12としたとき，それに対応するyの値（牛乳全部の量）を求めましょう。

㋐ 5　式　200×5=1000　答え　1000

㋑ 8　式　200×8=1600　答え　1600

㋒ 12　式　200×12=2400　答え　2400

③ yの値が3000になるときの，エの値を求めましょう。

式　3000÷200=15

 200×x=y の式にあてはめてみよう。

答え　15

P.14

文字と式 (5)　名前

● 次の場面の x と y の関係を式に表しましょう。

① みかん１個の値段は x 円です。3個買ったときの代金は y 円です。

$x \times 3 = y$

② 1個200円の消しゴムを x 個買いました。代金は y 円です。

$200 \times x = y$

③ 縦が xcm で，横が12cm の長方形の面積は，ycm² です。

xcm　ycm²　12cm

$x \times 12 = y$

④ 1パック xmL 入りのジュースが10パックあります。ジュースは全部で ymL です。

$x \times 10 = y$

⑤ 1個120円のおにぎりを x 個と110円のお茶を1本買いました。代金は y 円です。

$120 \times x + 110 = y$

14

文字と式 (6)　名前

1 次の式で表される場面を下の㋐，㋑，㋒から選んで，記号を□に書きましょう。

① $x + 8 = y$　㋑

② $x - 8 = y$　㋒

③ $x \times 8 = y$　㋐

㋐ 底辺が xcm，高さが 8cm の平行四辺形の面積は ycm² です。

㋑ xdL の水が入ったやかんに 8dL の水を入れると ydL です。

㋒ xcm のリボンから 8cm 切り取ると残りは ycm です。

2 右の絵で，えん筆1本の値段を x 円としたとき，次の㋐，㋑の式は，それぞれ何を表しているかを説明しましょう。

えん筆 1本 x 円　消しゴム 1個150円

㋐ $x \times 8$

（えん筆８本の代金）

㋑ $x \times 5 + 150 \times 2$

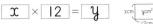

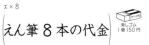

（えん筆５本と消しゴム２個の合計代金）

P.15

ふりかえりテスト　文字と式　名前

1 1個 x 円のオレンジを8個買うと，代金は y 円になります。

① x と y の関係を式に表しましょう。(10)

$x \times 8 = y$

② x の値が 90，120 のときの，y の値をそれぞれ求めましょう。(10×2)

㋐ 90

式 $90 \times 8 = 720$　答え 720

㋑ 120

式 $120 \times 8 = 960$　答え 960

③ y の値が 1440 のときの，x の値を求めましょう。(10)

式 $1440 \div 8 = 180$　答え 180

2 次の場面の x と y の関係を式に表しましょう。(10×5)

① 1ふくろ12枚入りのクッキーが x ふくろあります。クッキーは全部で y 枚です。

$12 \times x = y$

② 底辺が 6cm，高さが xcm の平行四辺形の面積は ycm² です。

$6 \times x = y$

③ 1個 x 円のチョコレートを5個買ったときの代金は y 円です。

$x \times 5 = y$

④ 直径が xcm の円の，円周の長さは ycm です。

$x \times 3.14 = y$

⑤ 1個300g のりんごを x 個を 150g のかごに入れた全体の重さは yg です。

$300 \times x + 150 = y$

3 次の式で表される場面を下の㋐，㋑，㋒から選んで，記号を□に書きましょう。(10)

① $30 + x = y$　㋑

② $30 - x = y$　㋐

③ $30 \times x = y$　㋒

㋐ 30dL のジュースをみんなで xdL 飲むと，残りは ydL になります。

㋑ 30円のガムと x 円のアイスクリームを買うと，代金は y 円です。

㋒ 縦が 30cm で，横が xcm の長方形の面積は ycm² です。

15

P.16

分数のかけ算・わり算 1 (1)　名前
分数×整数（約分なし）

$\frac{2}{7} \times 3 = \frac{2 \times 3}{7} = \frac{6}{7}$

分数に整数をかける計算は，分母はそのままにして，分子にその整数をかけます。

① $\frac{1}{7} \times 4 = \frac{1 \times 4}{7} = \frac{4}{7}$　② $\frac{3}{5} \times 2 = \frac{3 \times 2}{5} = \frac{6}{5}$ $(1\frac{1}{5})$

③ $\frac{5}{8} \times 3$　$\frac{15}{8}$ $(1\frac{7}{8})$　④ $\frac{1}{6} \times 5$　$\frac{5}{6}$

⑤ $\frac{2}{9} \times 7$　$\frac{14}{9}$ $(1\frac{5}{9})$　⑥ $\frac{3}{4} \times 9$　$\frac{27}{4}$ $(6\frac{3}{4})$

⑦ $\frac{2}{5} \times 6$　$\frac{12}{5}$ $(2\frac{2}{5})$　⑧ $\frac{3}{8} \times 7$　$\frac{21}{8}$ $(2\frac{5}{8})$

16

分数のかけ算・わり算 1 (2)　名前
分数×整数（約分あり）

$\frac{5}{6} \times 3 = \frac{5 \times \cancel{3}^{1}}{\cancel{6}_{2}} = \frac{5}{2}$

約分ができるときは，計算の途中で約分してから計算すると簡単だよ。

① $\frac{3}{8} \times 4 = \frac{3 \times \cancel{4}^{1}}{\cancel{8}_{2}} = \frac{3}{2}$ $(1\frac{1}{2})$　② $\frac{3}{2} \times 8 = \frac{3 \times \cancel{8}^{4}}{\cancel{2}_{1}} = 12$

③ $\frac{5}{6} \times 9$　$\frac{15}{2}$ $(7\frac{1}{2})$　④ $\frac{6}{7} \times 14$　12

⑤ $\frac{4}{9} \times 3$　$\frac{4}{3}$ $(1\frac{1}{3})$　⑥ $\frac{7}{10} \times 15$　$\frac{21}{2}$ $(10\frac{1}{2})$

答えの大きい方を通ってゴールしましょう。通った答えを下の□に書きましょう。

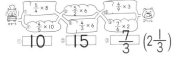

スタート　$\frac{5}{4} \times 8$　$\frac{4}{5} \times 10$　$\frac{5}{2} \times 6$　$\frac{4}{3} \times 6$　$\frac{4}{9} \times 3$　$\frac{7}{6} \times 2$　ゴール

① 10　② 15　③ $\frac{7}{3}$ $(2\frac{1}{3})$

P.17

分数のかけ算・わり算 1 (3)　名前
分数×整数

● 次の計算をしましょう。約分できるものは約分しましょう。

① $\frac{7}{5} \times 2$　$\frac{14}{5}$ $(2\frac{4}{5})$　② $\frac{8}{7} \times 3$　$\frac{24}{7}$ $(3\frac{3}{7})$

③ $\frac{5}{4} \times 6$　$\frac{15}{2}$ $(7\frac{1}{2})$　④ $\frac{3}{4} \times 7$　$\frac{21}{4}$ $(5\frac{1}{4})$

⑤ $\frac{25}{18} \times 6$　$\frac{25}{3}$ $(8\frac{1}{3})$　⑥ $\frac{17}{12} \times 6$　$\frac{17}{2}$ $(8\frac{1}{2})$

⑦ $\frac{9}{10} \times 5$　$\frac{9}{2}$ $(4\frac{1}{2})$　⑧ $\frac{11}{6} \times 7$　$\frac{77}{6}$ $(12\frac{5}{6})$

⑨ $\frac{17}{15} \times 3$　$\frac{17}{5}$ $(3\frac{2}{5})$　⑩ $\frac{15}{16} \times 8$　$\frac{15}{2}$ $(7\frac{1}{2})$

17

分数のかけ算・わり算 1 (4)　名前
帯分数×整数

$1\frac{5}{6} \times 3 = \frac{11}{6} \times 3 = \frac{11 \times \cancel{3}^{1}}{\cancel{6}_{2}} = \frac{11}{2}$

帯分数は，仮分数になおして計算するよ。約分できるときは，約分してから計算すると簡単だよ。

● 次の計算をしましょう。約分できるものは約分しましょう。

① $1\frac{4}{9} \times 6$　$\frac{26}{3}$ $(8\frac{2}{3})$　② $2\frac{1}{4} \times 8$　18

③ $1\frac{5}{8} \times 12$　$\frac{39}{2}$ $(19\frac{1}{2})$　④ $2\frac{2}{7} \times 5$　$\frac{80}{7}$ $(11\frac{3}{7})$

⑤ $2\frac{4}{15} \times 5$　$\frac{34}{3}$ $(11\frac{1}{3})$　⑥ $3\frac{1}{6} \times 18$　57

⑦ $3\frac{1}{4} \times 2$　$\frac{13}{2}$ $(6\frac{1}{2})$　⑧ $1\frac{5}{9} \times 4$　$\frac{56}{9}$ $(6\frac{2}{9})$

解答

児童に実施させる前に，必ず指導される方が問題を解いてください。本書の解答は，あくまでも1つの例です。指導される方の作られた解答をもとに，本書の解答例を参考に児童の多様な考えに寄り添って○つけをお願いします。

P.18

分数のかけ算・わり算 ① (5) 名前
分数÷整数（約分なし）

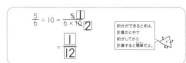

$$\frac{5}{7} \div 3 = \frac{5}{7 \times \boxed{3}}$$

$$= \frac{5}{\boxed{21}}$$

分数を整数でわる計算は，分子はそのままにして，分母にその整数をかけます。

① $\frac{1}{5} \div 2 = \frac{1}{5 \times \boxed{2}}$　$\frac{1}{\boxed{10}}$

② $\frac{4}{3} \div 7 = \frac{4}{3 \times \boxed{7}}$　$\frac{4}{\boxed{21}}$

③ $\frac{7}{2} \div 4$　$\frac{7}{8}$

④ $\frac{5}{6} \div 3$　$\frac{5}{18}$

⑤ $\frac{3}{8} \div 2$　$\frac{3}{16}$

⑥ $\frac{2}{5} \div 3$　$\frac{2}{15}$

⑦ $\frac{1}{6} \div 9$　$\frac{1}{54}$

⑧ $\frac{7}{4} \div 5$　$\frac{7}{20}$

18

分数のかけ算・わり算 ① (6) 名前
分数÷整数（約分あり）

$$\frac{5}{6} \div 10 = \frac{5}{6 \times 10} \frac{\boxed{1}}{\boxed{2}}$$

$$= \frac{1}{\boxed{12}}$$

約分ができるときは，計算のとちゅうで約分をしてから計算すると簡単だよ。

① $\frac{8}{7} \div 12 = \frac{8}{7 \times 12} \frac{2}{3}$　$= \frac{2}{21}$

② $\frac{9}{5} \div 15 = \frac{9}{5 \times 15} \frac{3}{5}$　$= \frac{3}{25}$

③ $\frac{3}{8} \div 9$　$\frac{1}{24}$

④ $\frac{7}{3} \div 14$　$\frac{1}{6}$

⑤ $\frac{12}{5} \div 16$　$\frac{3}{20}$

⑥ $\frac{18}{13} \div 9$　$\frac{2}{13}$

答えの大きい方を通ってゴールしましょう。通った答えを下の□に書きましょう。

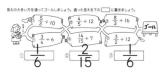

① $\frac{1}{6}$　② $\frac{2}{15}$　③ $\frac{1}{6}$

P.19

分数のかけ算・わり算 ① (7) 名前
分数÷整数

● 次の計算をしましょう。約分できるものは約分しましょう。

① $\frac{7}{8} \div 5$　$\frac{7}{40}$

② $\frac{4}{3} \div 8$　$\frac{1}{6}$

③ $\frac{15}{7} \div 9$　$\frac{5}{21}$

④ $\frac{11}{9} \div 3$　$\frac{11}{27}$

⑤ $\frac{6}{5} \div 8$　$\frac{3}{20}$

⑥ $\frac{14}{9} \div 7$　$\frac{2}{9}$

⑦ $\frac{12}{7} \div 6$　$\frac{2}{7}$

⑧ $\frac{5}{4} \div 10$　$\frac{1}{8}$

⑨ $\frac{9}{8} \div 4$　$\frac{9}{32}$

⑩ $\frac{6}{7} \div 15$　$\frac{2}{35}$

19

分数のかけ算・わり算 ① (8) 名前
帯分数÷整数

$$2\frac{2}{3} \div 2 = \frac{8}{3} \div 2$$

$$= \frac{8}{3 \times 2} \frac{\boxed{4}}{\boxed{1}}$$

$$= \frac{4}{3}$$

まずは，帯分数を仮分数になおして計算するよ。約分できるときは，忘れずにしよう。

● 次の計算をしましょう。約分できるものは約分しましょう。

① $3\frac{1}{2} \div 6$　$\frac{7}{12}$

② $2\frac{4}{7} \div 9$　$\frac{2}{7}$

③ $1\frac{1}{8} \div 6$　$\frac{3}{16}$

④ $4\frac{2}{3} \div 7$　$\frac{2}{3}$

⑤ $2\frac{5}{6} \div 3$　$\frac{17}{18}$

⑥ $2\frac{2}{9} \div 5$　$\frac{4}{9}$

⑦ $3\frac{1}{4} \div 6$　$\frac{13}{24}$

⑧ $1\frac{5}{9} \div 7$　$\frac{2}{9}$

P.20

分数のかけ算・わり算 ① (9) 名前

① 3dL でかべを $1\frac{4}{5}$ m² ぬれるペンキがあります。
このペンキ1dL では，かべを何 m² ぬることができますか。

式　$1\frac{4}{5} \div 3 = \frac{3}{5}$

1あたり量を求めるのはわり算だね。

答え　$\frac{3}{5}$ m²

② ジュースが $\frac{7}{8}$ dL 入ったペットボトルが 4本あります。
全部で何 dL ありますか。

式　$\frac{7}{8} \times 4 = \frac{7}{2}\left(3\frac{1}{2}\right)$

全体の量を求めるのはかけ算だね。

答え　$\frac{7}{2}\left(3\frac{1}{2}\right)$dL

③ $\frac{9}{10}$ kg のさとうを 6つのふくろに等分します。
1ふくろは何 kg になりますか。

式　$\frac{9}{10} \div 6 = \frac{3}{20}$

答え　$\frac{3}{20}$ kg

ふりかえりシート 名前
分数のかけ算・わり算 ①

① 次の計算をしましょう。

① $\frac{5}{7} \times 3$　$\frac{15}{7}\left(2\frac{1}{7}\right)$

② $\frac{3}{8} \times 6$　$\frac{9}{4}\left(2\frac{1}{4}\right)$

③ $2\frac{2}{9} \times 12$　$\frac{80}{3}\left(26\frac{2}{3}\right)$

④ $\frac{3}{2} \div 8$　$\frac{1}{12}$

⑤ $\frac{9}{10} \div 6$　$\frac{3}{20}$

⑥ $1\frac{2}{3} \div 5$　$\frac{1}{3}$

② 1mの重さが $\frac{5}{3}$ kgのパイプがあります。
このパイプ6mの重さは何 kg ですか。

式　$\frac{5}{3} \times 6 = 10$

答え　10 kg

③ $2\frac{1}{4}$ Lのジュースがあります。3人で等分すると，
1人あたり何 Lずつになりますか。

式　$2\frac{1}{4} \div 3 = \frac{3}{4}$

答え　$\frac{3}{4}$ L

20

P.21

分数のかけ算（1） 名前
約分なし

$$\frac{1}{5} \times \frac{3}{4} = \frac{\boxed{1} \times \boxed{3}}{\boxed{5} \times \boxed{4}}$$

$$= \frac{3}{20}$$

分数に分数をかける計算は，分母どうし，分子どうしをかけるよ。
$\frac{□}{□} \times \frac{○}{△} = \frac{□ \times ○}{□ \times △}$

① $\frac{2}{3} \times \frac{2}{5} = \frac{\boxed{2} \times \boxed{2}}{\boxed{3} \times \boxed{5}}$　$= \frac{4}{15}$

② $\frac{1}{4} \times \frac{3}{7} = \frac{\boxed{1} \times \boxed{3}}{\boxed{4} \times \boxed{7}}$　$= \frac{3}{28}$

③ $\frac{5}{8} \times \frac{1}{6}$　$\frac{5}{48}$

④ $\frac{2}{7} \times \frac{4}{9}$　$\frac{8}{63}$

⑤ $\frac{3}{4} \times \frac{7}{8}$　$\frac{21}{32}$

⑥ $\frac{1}{2} \times \frac{3}{10}$　$\frac{3}{20}$

分数のかけ算（2） 名前
約分あり

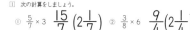

$$\frac{3}{8} \times \frac{2}{9} = \frac{\boxed{1} \times \boxed{1}}{\boxed{4} \times \boxed{3}}$$

$$= \frac{1}{\boxed{12}}$$

3と9，2と8でそれぞれ約分できるね。

① $\frac{2}{7} \times \frac{5}{6} = \frac{\boxed{1} \times 5}{7 \times \boxed{3}}$　$= \frac{5}{21}$

② $\frac{3}{4} \times \frac{2}{5} = \frac{3 \times \boxed{1}}{\boxed{2} \times 5}$　$= \frac{3}{10}$

③ $\frac{5}{8} \times \frac{4}{15}$　$\frac{1}{6}$

④ $\frac{2}{3} \times \frac{5}{6}$　$\frac{5}{9}$

⑤ $\frac{4}{9} \times \frac{5}{12}$　$\frac{5}{27}$

⑥ $\frac{3}{5} \times \frac{10}{11}$　$\frac{6}{11}$

21

94

児童に実施させる前に，必ず指導される方が問題を解いてください。本書の解答は，あくまでも1つの例です。指導される方の作られた解答をもとに，本書の解答例を参考に児童の多様な考えに寄り添って○つけをお願いします。

解答

P.22

分数のかけ算（3） 名前
約分なし・あり

● 次の計算をしましょう。

① $\frac{3}{4} \times \frac{3}{5}$　$\frac{9}{20}$　② $\frac{5}{2} \times \frac{9}{10}$　$\frac{9}{4}\left(2\frac{1}{4}\right)$

③ $\frac{3}{7} \times \frac{1}{3}$　$\frac{1}{7}$　④ $\frac{8}{11} \times \frac{5}{12}$　$\frac{10}{33}$

⑤ $\frac{10}{9} \times \frac{3}{5}$　$\frac{2}{3}$　⑥ $\frac{7}{15} \times \frac{5}{4}$　$\frac{7}{12}$

答えの大きい方を通ってゴールしましょう。通った答えを下の □ に書きましょう。

① $\frac{3}{4}$　② $\frac{4}{5}$

分数のかけ算（4） 名前
約分なし・あり

● 次の計算をしましょう。

① $\frac{8}{5} \times \frac{5}{4}$　2　② $\frac{5}{6} \times \frac{5}{7}$　$\frac{25}{42}$

③ $\frac{3}{10} \times \frac{5}{12}$　$\frac{1}{8}$　④ $\frac{8}{9} \times \frac{3}{4}$　$\frac{2}{3}$

⑤ $\frac{8}{3} \times \frac{1}{4}$　$\frac{2}{3}$　⑥ $\frac{4}{9} \times \frac{2}{3}$　$\frac{8}{27}$

答えの大きい方を通ってゴールしましょう。通った答えを下の □ に書きましょう。

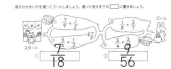

① $\frac{7}{18}$　② $\frac{9}{56}$

22

P.23

分数のかけ算（5） 名前
帯分数×真分数（真分数×帯分数）

$2\frac{2}{3} \times \frac{1}{2} = \frac{8}{3} \times \frac{1}{2}$
$= \frac{\overset{4}{\cancel{8}} \times 1}{3 \times \cancel{2}}$
$= \frac{4}{3}$

帯分数のかけ算は，帯分数を仮分数になおして計算するよ。約分できるときは，忘れずにしよう。

● 次の計算をしましょう。

① $1\frac{1}{4} \times \frac{2}{5}$　$\frac{1}{2}$　$\left[\frac{5}{4}\right]$
② $2\frac{1}{7} \times \frac{2}{3}$　$\frac{10}{7}$　$\left(1\frac{3}{7}\right)$　$\left[2\frac{1}{7}\frac{15}{7}\right]$

③ $1\frac{4}{5} \times \frac{5}{6}$　$\frac{3}{2}$　$\left(1\frac{1}{2}\right)$　$\left[1\frac{4}{5}\frac{9}{5}\right]$
④ $1\frac{1}{9} \times \frac{4}{5}$　$\frac{8}{9}$　$\left[1\frac{1}{9}\frac{10}{9}\right]$

⑤ $\frac{1}{4} \times 2\frac{1}{2}$　$\frac{5}{8}$　$\left[2\frac{1}{2}\frac{5}{2}\right]$
⑥ $\frac{7}{8} \times 3\frac{3}{7}$　3　$\left[3\frac{3}{7}\frac{24}{7}\right]$

分数のかけ算（6） 名前
帯分数×帯分数

● 次の計算をしましょう。

① $1\frac{1}{8} \times 2\frac{2}{3}$　3　② $1\frac{4}{5} \times 3\frac{1}{3}$　6

③ $1\frac{2}{7} \times 1\frac{3}{2}$　$\left(1\frac{1}{2}\right)$　④ $2\frac{4}{5} \times \frac{77}{15}$　$\left(5\frac{2}{15}\right)$

⑤ $1\frac{2}{3} \times 3\frac{3}{10}\frac{11}{2}$　$\left(5\frac{1}{2}\right)$　⑥ $1\frac{2}{8} \times \frac{18}{7}$　$\left(2\frac{4}{7}\right)$

答えの大きい方を通ってゴールしましょう。通った答えを下の □ に書きましょう。

★ $\frac{25}{12}$ $\left(2\frac{1}{12}\right)$　☆ $\frac{51}{28}$ $\left(1\frac{23}{28}\right)$

23

P.24

分数のかけ算（7） 名前
整数×分数

$3 \times \frac{4}{7} = \frac{3}{1} \times \frac{4}{7}$
$= \frac{3 \times 4}{1 \times 7}$
$= \frac{12}{7}$

整数を$\frac{?}{1}$として計算したらいいね。$3 \times \frac{4}{7} = \frac{3 \times 4}{7}$ としても できるよ。

① $5 \times \frac{2}{3}$　$\frac{10}{3}$ $\left(3\frac{1}{3}\right)$　② $4 \times \frac{7}{12}$　$\frac{7}{3}$ $\left(2\frac{1}{3}\right)$

　$5 = \frac{5}{1}$ だね。

③ $7 \times \frac{4}{5}$　$\frac{28}{5}$ $\left(5\frac{3}{5}\right)$　④ $8 \times \frac{5}{6}$　$\frac{20}{3}$ $\left(6\frac{2}{3}\right)$

⑤ $6 \times \frac{4}{21}$　$\frac{8}{7}$ $\left(1\frac{1}{7}\right)$　⑥ $9 \times \frac{2}{15}$　$\frac{6}{5}$ $\left(1\frac{1}{5}\right)$

分数のかけ算（8） 名前
3つの数の計算

$\frac{1}{5} \times \frac{2}{3} \times \frac{3}{4} = \frac{1 \times \cancel{2} \times \cancel{3}}{5 \times \cancel{3} \times \cancel{4}}$
$= \frac{1}{10}$

3つの数も同じように計算できるよ。約分を忘れずに！

① $\frac{5}{6} \times \frac{3}{8} \times \frac{7}{10}$　$\frac{7}{32}$

② $\frac{4}{9} \times \frac{3}{5} \times 6$　$\frac{8}{5}$ $\left(1\frac{3}{5}\right)$　整数は$\frac{?}{1}$として考えたね。

③ $2\frac{1}{4} \times 3 \times \frac{2}{3}$　$\frac{9}{2}$ $\left(4\frac{1}{2}\right)$

④ $\frac{9}{10} \times \frac{8}{15} \times 2\frac{1}{2}$　$\frac{6}{5}$ $\left(1\frac{1}{5}\right)$　帯分数は仮分数になおすよ。

⑤ $\frac{3}{7} \times 1\frac{5}{9} \times 12$　8

24

P.25

分数のかけ算（9） 名前

① 下の長方形の面積を求めましょう。

辺の長さが分数でも公式を使って求められるね。

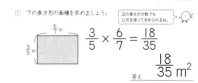
$\frac{6}{7}$ m　$\frac{3}{5}$ m

$\frac{3}{5} \times \frac{6}{7} = \frac{18}{35}$

答え $\frac{18}{35}$ m²

② 下の直方体の体積を求めましょう。

$1\frac{2}{3}$ m　$1\frac{4}{5}$ m　2m

$1\frac{2}{3} \times 1\frac{4}{5} \times 2 = 6$

答え 6 m³

③ 下の立方体の体積を求めましょう。

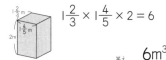
$\frac{4}{3}$ m　1辺が$\frac{4}{3}$ m

$\frac{4}{3} \times \frac{4}{3} \times \frac{4}{3} = \frac{64}{27}\left(2\frac{10}{27}\right)$

答え $\frac{64}{27}\left(2\frac{10}{27}\right)$ m³

分数のかけ算（10） 名前

① □ にあてはまる数を書いて，答えを求めましょう。

① $\frac{2}{3}$ 時間は何分ですか。

1時間 $= 60$ 分
$60 \times \frac{2}{3} = 40$

答え 40 分

② 45分は何時間ですか。

$45 \div 60 = \frac{45}{60}$
$= \frac{3}{4}$

答え $\frac{3}{4}$ 時間

② □ にあてはまる数を書きましょう。

① $\frac{1}{6}$ 時間 $= 10$ 分　② $\frac{4}{5}$ 時間 $= 48$ 分

③ $\frac{7}{12}$ 時間 $= 35$ 分　④ 20分 $= \frac{1}{3}$ 時間

⑤ 15分 $= \frac{1}{4}$ 時間　⑥ 90分 $= 1\frac{1}{2}$ 時間

25

95

P.26

分数のかけ算（11）　名前

① 次の⑦〜⑤の □ にあてはまる不等号や等号を書きましょう。

⑦ $15 \times \frac{3}{5}$ < 15　（9）←計算の答えを書こう。

④ 15×1 = 15　（15）

⑨ $15 \times \frac{5}{3}$ > 15　（25）

⑤ $15 \times 1\frac{3}{5}$ > 15　（24）

② 次の⑦〜⑤で積が8より小さくなるものに○をしましょう。計算をしないで答えましょう。

⑦ $8 \times \frac{5}{4}$　④ ⃝$8 \times \frac{1}{2}$　⑨ $8 \times 1\frac{1}{2}$　⑤ ⃝$8 \times \frac{3}{4}$

③ 次の数の逆数を書きましょう。

① $\frac{3}{7}$　$\frac{7}{3}$　② $\frac{5}{9}$　$\frac{9}{5}$

③ 6　$\frac{1}{6}$　$6 = \frac{6}{1}$　④ 10　$\frac{1}{10}$　$10 = \frac{10}{1}$

⑤ 0.7　$\frac{10}{7}$　$0.7 = \frac{7}{10}$　⑥ 1.3　$\frac{10}{13}$　$1.3 = \frac{13}{10}$

分数のかけ算（12）　名前
計算のきまり

● 計算のきまりを使ってくふうして計算しましょう。

① $\left(\frac{1}{3} \times \frac{5}{9}\right) \times \frac{9}{10} = \frac{1}{3} \times \left(\frac{5}{9} \times \frac{9}{10}\right)$

$= \frac{1}{3} \times \frac{1}{2}$

$= \frac{1}{6}$

② $\frac{1}{2} \times \frac{5}{6} - \frac{1}{4} \times \frac{5}{6} = \left(\frac{1}{2} - \frac{1}{4}\right) \times \frac{5}{6}$

$= \frac{1}{4} \times \frac{5}{6}$

$= \frac{5}{24}$

③ $\left(\frac{2}{5} + \frac{3}{4}\right) \times 20 = \frac{2}{5} \times 20 + \frac{3}{4} \times 20$

$= 8 + 15$

$= 23$

④ $\frac{2}{3} \times 11 + \frac{2}{3} \times 7 = \frac{2}{3} \times (11 + 7)$

$= \frac{2}{3} \times 18$

$= 12$

P.27

分数のわり算（1）　名前
約分なし

$$\frac{3}{7} \div \frac{4}{5} = \frac{3}{7} \times \frac{5}{4}$$
$$= \frac{3 \times 5}{7 \times 4}$$
$$= \frac{15}{28}$$

分数でわる計算はわる数の逆数をかけて計算するよ。

① $\frac{2}{3} \div \frac{3}{4} = \frac{2}{3} \times \frac{4}{3}$

$= \frac{2 \times 4}{3 \times 3}$

$= \frac{8}{9}$

② $\frac{5}{8} \div \frac{2}{5} = \frac{5}{8} \times \frac{5}{2}$

$= \frac{5 \times 5}{8 \times 2}$

$= \frac{25}{16} \left(1\frac{9}{16}\right)$

③ $\frac{6}{7} \div \frac{1}{4}$　$\frac{24}{7} \left(3\frac{3}{7}\right)$　④ $\frac{2}{9} \div \frac{1}{5}$　$\frac{10}{9} \left(1\frac{1}{9}\right)$

$\frac{1}{4}$の逆数は$\frac{4}{1} = 4$

⑤ $\frac{1}{2} \div \frac{8}{9}$　$\frac{9}{16}$　⑥ $\frac{3}{8} \div \frac{5}{7}$　$\frac{21}{40}$

分数のわり算（2）　名前
約分あり

$$\frac{3}{4} \div \frac{5}{8} = \frac{3}{4} \times \frac{8}{5}$$
$$= \frac{3 \times \overset{2}{\cancel{8}}}{\cancel{4} \times 5}$$
$$= \frac{6}{5} \left(1\frac{1}{5}\right)$$

約分できるときは，約分してから計算すると簡単にできるね。

① $\frac{2}{3} \div \frac{4}{9}$　$\frac{3}{2} \left(1\frac{1}{2}\right)$　② $\frac{5}{6} \div \frac{7}{8}$　$\frac{20}{21}$

③ $\frac{9}{7} \div \frac{3}{7}$　3　④ $\frac{3}{10} \div \frac{6}{5}$　$\frac{1}{4}$

⑤ $\frac{11}{12} \div \frac{1}{4}$　$\frac{11}{3} \left(3\frac{2}{3}\right)$　⑥ $\frac{1}{9} \div \frac{1}{6}$　$\frac{2}{3}$

P.28

分数のわり算（3）　名前
約分なし・あり

● 次の計算をしましょう。

① $\frac{3}{5} \div \frac{6}{7}$　$\frac{7}{10}$　② $\frac{5}{8} \div \frac{5}{6}$　$\frac{3}{4}$

③ $\frac{3}{4} \div \frac{7}{9}$　$\frac{27}{28}$　④ $\frac{4}{5} \div \frac{1}{10}$　8

⑤ $\frac{3}{2} \div \frac{9}{4}$　$\frac{2}{3}$　⑥ $\frac{1}{7} \div \frac{2}{9}$　$\frac{9}{14}$

答えの大きい方を通ってゴールしましょう。通った答えを下の □ に書きましょう。

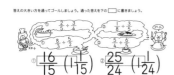

① $\frac{16}{15} \left(1\frac{1}{15}\right)$　② $\frac{25}{24} \left(1\frac{1}{24}\right)$

分数のわり算（4）　名前
約分なし・あり

● 次の計算をしましょう。

① $\frac{5}{4} \div \frac{5}{12}$　3　② $\frac{10}{9} \div \frac{8}{15}$　$\frac{25}{12} \left(2\frac{1}{12}\right)$

③ $\frac{5}{8} \div \frac{6}{11}$　$\frac{55}{48} \left(1\frac{7}{48}\right)$　④ $\frac{4}{7} \div \frac{1}{3}$　$\frac{12}{7} \left(1\frac{5}{7}\right)$

⑤ $\frac{8}{3} \div \frac{1}{9}$　24　⑥ $\frac{5}{2} \div \frac{15}{16}$　$\frac{8}{3} \left(2\frac{2}{3}\right)$

答えの大きい方を通ってゴールしましょう。通った答えを下の □ に書きましょう。

$\frac{7}{12}$　$\frac{25}{36}$

P.29

分数のわり算（5）　名前
整数÷分数

$$3 \div \frac{5}{7} = \frac{3}{1} \times \frac{7}{5}$$
$$= \frac{3 \times 7}{1 \times 5}$$
$$= \frac{21}{5}$$

$3 \div \frac{5}{7} = 3 \times \frac{7}{5} = \frac{3 \times 7}{5}$ と考えてもいいね。

① $4 \div \frac{2}{7}$　14　② $2 \div \frac{1}{2}$　4

③ $5 \div \frac{10}{9}$　$\frac{9}{2} \left(4\frac{1}{2}\right)$　④ $7 \div \frac{1}{3}$　21

⑤ $6 \div \frac{3}{4}$　8　⑥ $3 \div \frac{15}{4}$　$\frac{4}{5} \left(3\frac{3}{4}\right)$

分数のわり算（6）　名前
帯分数÷真分数（真分数÷帯分数）

$$\frac{1}{3} \div 1\frac{1}{4} = \frac{1}{3} \div \frac{5}{4}$$
$$= \frac{1}{3} \times \frac{4}{5}$$
$$= \frac{1 \times 4}{3 \times 5}$$
$$= \frac{4}{15}$$

帯分数のわり算は，帯分数を仮分数になおして計算するよ。

① $1\frac{2}{3} \div \frac{4}{5}$　$\frac{25}{12} \left(2\frac{1}{12}\right)$　② $2\frac{1}{4} \div \frac{6}{7}$　$\frac{21}{8} \left(2\frac{5}{8}\right)$

③ $\frac{5}{9} \div 3\frac{1}{3}$　$\frac{1}{6}$　④ $\frac{7}{8} \div 4\frac{1}{5}$　$\frac{5}{24}$

⑤ $\frac{3}{4} \div 2\frac{1}{2}$　$\frac{3}{10}$　⑥ $1\frac{2}{7} \div \frac{3}{14}$　6

P.30

分数のわり算（7）
帯分数÷帯分数　名前

$$1\frac{2}{3} \div 3\frac{1}{2} = \frac{5}{3} \div \frac{7}{2}$$
$$= \frac{5}{3} \times \frac{2}{7}$$
$$= \frac{5 \times 2}{3 \times 7}$$
$$= \frac{10}{21}$$

帯分数を仮分数になおして計算するよ。

① $1\frac{1}{4} \div 2\frac{2}{3}$　$\dfrac{15}{32}$

② $2\frac{1}{4} \div 1\frac{1}{2}$　$\dfrac{3}{2}\left(1\frac{1}{2}\right)$

③ $1\frac{1}{9} \div 1\frac{2}{3}$　$\dfrac{2}{3}$

④ $1\frac{7}{8} \div 1\frac{3}{7}$　$\dfrac{21}{16}\left(1\frac{5}{16}\right)$

⑤ $1\frac{1}{6} \div 2\frac{1}{3}$　$\dfrac{1}{2}$

⑥ $2\frac{1}{9} \div 6\frac{1}{3}$　$\dfrac{1}{3}$

分数のわり算（8）
3つの数の計算　名前

$$\frac{5}{8} \div \frac{3}{4} \div \frac{7}{3} = \frac{5}{8} \times \frac{4}{3} \times \frac{3}{7}$$
$$= \frac{5 \times \cancel{4} \times \cancel{3}}{\cancel{8} \times \cancel{3} \times 7}$$
$$= \frac{5}{14}$$

$\frac{3}{4}$と$\frac{7}{3}$の逆数をかけたらいいね。

① $\dfrac{2}{3} \div \dfrac{1}{5} \div \dfrac{5}{6}$　$\dfrac{2}{3}$

② $\dfrac{5}{6} \div 9 \div \dfrac{5}{8}$　$\dfrac{4}{81}$

整数の逆数は$\dfrac{1}{□}$だね。

③ $2\frac{2}{5} \div 1\frac{1}{3} \div \dfrac{2}{5}$　$\dfrac{9}{2}\left(4\frac{1}{2}\right)$

④ $\dfrac{2}{9} \div \dfrac{4}{7} \div 7$　$\dfrac{1}{18}$

P.31

分数のわり算（9）
名前

① 次の⑦～④の□にあてはまる等号や不等号を書きましょう。

⑦ $15 \div \dfrac{5}{7}$　**>**　15　（**21**）← 計算の答えを書こう。

④ $15 \div 1$　**=**　15　（**15**）

⑦ $15 \div \dfrac{5}{4}$　**<**　15　（**12**）

④ $15 \div 1\frac{2}{3}$　**<**　15　（**9**）

② 次の⑦～④で商が8より小さくなるものはどれですか。計算をしないで答えましょう。

⑦ $8 \div \dfrac{4}{3}$　④ $8 \div \dfrac{1}{2}$　⑦ $8 \div 1\frac{1}{2}$　④ $8 \div \dfrac{3}{4}$

（　**⑦　，⑦**　）

③ 答えが大きくなる方を通ってゴールしましょう。通った方の式を下の□に書きましょう。

① $10 \times \dfrac{5}{3}$　　② $10 \div \dfrac{3}{5}$

分数のわり算（10）
名前

● $\dfrac{3}{5}$mの重さが$\dfrac{7}{3}$gの針金があります。
⑦と④はどんな式で求められるか考えましょう。

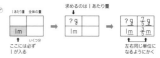
この針金1mの重さは何gになりますか。
この針金1gの長さは何mになりますか。

① ⑦を4マス表に整理してみましょう。

求めるのは1あたり量

	1あたり量	全体の量
1m	?g	$\frac{7}{3}$g
	1m	$\frac{3}{5}$m

ここには必ず1が入る

左右同じ単位になるようにかく

② 式に表して答えを求めましょう。

式　$\dfrac{7}{3} \div \dfrac{3}{5} = \dfrac{7 \cdot 3}{3 \cdot 3}$

$$\frac{7}{3} \div \frac{3}{5} = \frac{35}{9}$$

答え　$\dfrac{35}{9}\left(3\frac{8}{9}\right)$g

③ ④も同じように表に整理して答えを求めましょう。

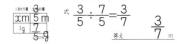

	1あたり量	全体の量
	xm	5m
	1g	$\frac{7}{5}$g

式　$\dfrac{3}{5} \div \dfrac{7}{5} = \dfrac{3}{7}$

答え　$\dfrac{3}{7}$m

P.32

分数のかけ算・わり算 ② （1）
名前

1あたり量×いくつ分＝全体の量　全体の量÷いくつ分＝1あたり量　全体の量÷1あたり量＝いくつ分

① 1dLのペンキで$\dfrac{5}{6}$m²のかべをぬることができます。$2\frac{1}{4}$m²ぬるにはペンキが何dL必要ですか。

式　$2\frac{1}{4} \div \dfrac{5}{6} = \dfrac{27}{10}$

	1あたり量	全体の量
	$\frac{5}{6}$m²	$2\frac{1}{4}$m²
いくつ分	1dL	xdL

答え　$\dfrac{27}{10}\left(2\frac{7}{10}\right)$dL

② 1mが350円の布があります。この布$\dfrac{3}{7}$mの代金は何円ですか。

式　$350 \times \dfrac{3}{7} = 150$

	1あたり量	全体の量
	350円	x円
	1m	$\frac{3}{7}$m

答え　150円

③ 7Lの牛乳があります。この牛乳を家族で1日に$1\frac{1}{6}$Lずつ飲むと，何日で全部飲むことになりますか。

式　$7 \div 1\frac{1}{6} = 6$

	1あたり量	全体の量
	$1\frac{1}{6}$L	7L
	1日	x日

答え　6日

分数のかけ算・わり算 ② （2）
名前

① ペンキ1dLで，$\dfrac{4}{5}$m²のかべをぬることができます。このペンキ$\dfrac{5}{2}$dLでは，何m²のかべをぬることができますか。

式　$\dfrac{4}{5} \times \dfrac{5}{2} = 2$

	1あたり量	全体の量
ぬること	$\frac{4}{5}$m²	xm²
	1dL	$\frac{5}{2}$dL

答え　2m²

② 面積が$3\frac{1}{3}$m²の長方形の花だんがあります。縦の長さは$1\frac{5}{9}$mです。横の長さは何mですか。

式　$3\frac{1}{3} \div 1\frac{5}{9} = \dfrac{15}{7}$

$3\frac{1}{3}$m²

$1\frac{5}{9}$m

答え　$\dfrac{15}{7}\left(2\frac{1}{7}\right)$m

③ 面積$\dfrac{3}{4}$aの畑に水をまくのに$\dfrac{1}{8}$時間かかりました。同じように水をまくと，1時間では何aの水をまくことができますか。

式　$\dfrac{3}{4} \div \dfrac{1}{8} = 6$

	1あたり量	全体の量
	xa	$\frac{3}{4}$a
	1時間	$\frac{1}{8}$時間

答え　6a

P.33

分数のかけ算・わり算 ② （3）
名前

1あたり量×いくつ分＝全体の量　全体の量÷いくつ分＝1あたり量　全体の量÷1あたり量＝いくつ分

① 食塩水1Lの中に$\dfrac{5}{7}$kgの食塩がとけています。この食塩水$1\frac{3}{5}$Lには食塩が何kgとけていますか。

式　$\dfrac{5}{7} \times 1\frac{3}{5} = \dfrac{8}{7}$

	1あたり量	全体の量
	$\frac{5}{7}$kg	$x$kg
	1L	$1\frac{3}{5}$L

答え　$\dfrac{8}{7}\left(1\frac{1}{7}\right)$kg

② リボンを$1\frac{7}{8}$m買うと，代金は600円でした。このリボン1mの代金は何円ですか。

式　$600 \div 1\frac{7}{8} = 320$

	1あたり量	全体の量
	x円	600円
	1m	$1\frac{7}{8}$m

答え　320円

③ 縦の長さが$\dfrac{8}{9}$m，横が$\dfrac{7}{6}$mの長方形の花だんは何m²ですか。

式　$\dfrac{8}{9} \times \dfrac{7}{6} = \dfrac{28}{27}$

$\dfrac{8}{9}$m

$\dfrac{7}{6}$m

xm²

答え　$\dfrac{28}{27}\left(1\frac{1}{27}\right)$m²

分数のかけ算・わり算 ② （4）
名前

① ジュースが$5\frac{1}{4}$Lあります。7本のびんに同じ量ずつ分けて入れます。1本のジュースは何Lになりますか。

式　$5\frac{1}{4} \div 7 = \dfrac{3}{4}$

	1あたり量	全体の量
	xL	$5\frac{1}{4}$L
いくつ分	1本	7本

答え　$\dfrac{3}{4}$L

② $\dfrac{5}{2}$Lの重さが$1\frac{3}{8}$kgの液体があります。

① この液体1Lの重さは何kgですか。

式　$1\frac{3}{8} \div \dfrac{5}{2} = \dfrac{11}{20}$

	1あたり量	全体の量
	$x$kg	$1\frac{3}{8}$kg
	1L	$\frac{5}{2}$L

答え　$\dfrac{11}{20}$kg

② この液体1kgのかさは何Lですか。

式　$\dfrac{5}{2} \div 1\frac{3}{8} = \dfrac{20}{11}$

	1あたり量	全体の量
	xL	$\frac{5}{2}$L
	1kg	$1\frac{3}{8}$kg

答え　$\dfrac{20}{11}\left(1\frac{9}{11}\right)$L

児童に実施させる前に，必ず指導される方が問題を解いてください。本書の解答は，あくまでも1つの例です。指導される方の作られた解答をもとに，本書の解答例を参考に児童の多様な考えに寄り添って○つけをお願いします。

P.34

分数のかけ算・わり算 ② (5)

① ジュース 1L の中に砂糖が $\frac{1}{10}$kg 入っています。
このジュース $1\frac{5}{7}$L の中に入っている砂糖は何kgか？

式 $\frac{1}{10} \times 1\frac{5}{7} = \frac{6}{35}$

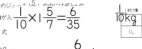

答え $\frac{6}{35}$ kg

② $1\frac{1}{3}$m² のかべをぬるのに，ペンキを $1\frac{1}{7}$dL 使います。
このペンキ 1dL でぬることができるかべは何m²か？

式 $1\frac{1}{3} \div 1\frac{1}{7} = \frac{7}{6}$

答え $\frac{7}{6}\left(1\frac{1}{6}\right)$m²

③ 1時間で $3\frac{1}{3}$a の草かりをする草かり機があります。
この機械で 10a の草かりをすると何時間か？

式 $10 \div 3\frac{1}{3} = 3$

答え 3 時間

分数のかけ算・わり算 ② (6)

① $2\frac{2}{3}$m のテープがあります。
$\frac{1}{3}$m ずつ切ると，何本のテープができますか。

式 $2\frac{2}{3} \div \frac{1}{3} = 8$

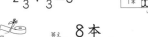

答え 8 本

② たつきさんは，10km を 40 分で走りました。

① 40 分は何時間ですか。分数で表しましょう。

答え $\frac{2}{3}$ 時間

② たつきさんは，時速何 km で走りますか。

「速さ＝道のり÷時間」だね。

式 $10 \div \frac{2}{3} = 15$

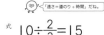

答え 時速15km

P.35

分数のかけ算・わり算 ② (7)

● 次の計算をしましょう。

① $\frac{5}{9} \times \frac{3}{2} \div \frac{5}{8} = \frac{5}{9} \times \frac{3}{2} \times \frac{8}{5}$
$= \frac{\cancel{5} \times \cancel{3} \times \cancel{8}}{\cancel{9} \times \cancel{2} \times \cancel{5}}$
$= \frac{4}{3}\left(1\frac{1}{3}\right)$

わり算は逆数を
かければ
よかったね。

② $\frac{2}{5} \div 3\frac{1}{3} \times \frac{1}{9} \quad \frac{2}{15}$

帯分数は
仮分数に
なおそう。

③ $\frac{3}{7} \times 1\frac{2}{5} \div 6 \quad \frac{1}{10}$

④ $8 \div 1\frac{1}{5} \times 1\frac{3}{10} \quad 8\frac{2}{3}\left(\frac{26}{3}\right)$

整数の逆数は
$\frac{1}{□}$ だね。

⑤ $\frac{4}{3} \div \frac{2}{9} \times \frac{5}{6} \quad 5$

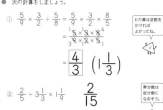

分数のかけ算・わり算 ② (8)

① 右の三角形の面積を求めましょう。

$\frac{7}{6} \times \frac{4}{5} \div 2 = \frac{7}{15}$

答え $\frac{7}{15}$ cm²

② 右のひし形の面積を求めましょう。

$\frac{8}{3} \times \frac{5}{3} \div 2 = \frac{20}{9}$

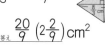

答え $\frac{20}{9}\left(2\frac{2}{9}\right)$cm²

③ 右の台形の面積を求めましょう。

$\left(\frac{3}{2} + \frac{7}{2}\right) \times \frac{24}{5} \div 2 = 12$

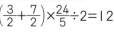

答え 12cm²

P.36

分数のかけ算・わり算 ② (9)

● 計算をしましょう。あみだくじをして，答えを下の □ に書きましょう。

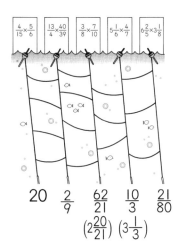

$\frac{4}{15} \times \frac{5}{6}$　$\frac{13}{4} \times \frac{40}{39}$　$\frac{3}{8} \times \frac{7}{10}$　$\frac{5}{6} \times \frac{4}{7}$　$6\frac{2}{3} \times 3\frac{1}{8}$

20　$\frac{2}{9}$　$\frac{62}{21}\left(2\frac{20}{21}\right)$　$\frac{10}{3}\left(3\frac{1}{3}\right)$　$\frac{21}{80}$

分数のかけ算・わり算 ② (10)

● 計算をしましょう。あみだくじをして，答えを下の □ に書きましょう。

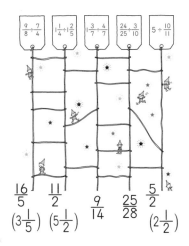

$\frac{9}{8} \div \frac{7}{4}$　$1\frac{1}{4} \div 1\frac{2}{5}$　$\frac{3}{7} \div \frac{1}{5}$　$\frac{24}{25} \div \frac{5}{10}$　$5 \div \frac{10}{11}$

$\frac{16}{5}\left(3\frac{1}{5}\right)$　$\frac{11}{2}\left(5\frac{1}{2}\right)$　$\frac{9}{14}$　$\frac{25}{28}$　$\frac{5}{2}\left(2\frac{1}{2}\right)$

P.37

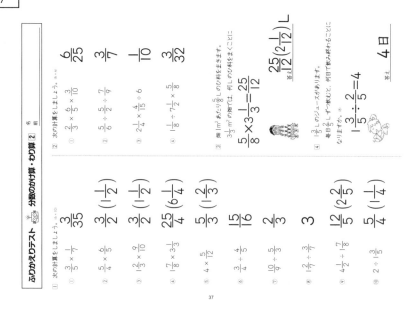

ふりかえりテスト ② 分数のかけ算・わり算 ②

① 次の計算をしましょう。

① $\frac{3}{5} \times \frac{1}{7}$ … $\frac{3}{35}$
② $\frac{5}{4} \times \frac{6}{5}$ … $\frac{3}{2}\left(1\frac{1}{2}\right)$
③ $\frac{3}{2} \div \frac{9}{10}$ … $\frac{3}{2}\left(1\frac{1}{2}\right)$
④ $\frac{7}{8} \times 3\frac{1}{3}$ … $\frac{25}{4}\left(6\frac{1}{4}\right)$
⑤ $4 \times \frac{5}{12}$ … $\frac{5}{3}\left(1\frac{2}{3}\right)$
⑥ $\frac{3}{4} \div \frac{1}{8}$ … $\frac{15}{6}\left(\frac{15}{6}\right)$
⑦ $\frac{10}{7} \div \frac{5}{4}$ … $\frac{2}{3}$
⑧ $2 \div \frac{2}{7}$ … 3
⑨ $4\frac{2}{5} \div \frac{7}{6}$ … $\frac{12}{5}\left(2\frac{2}{5}\right)$
⑩ $2 \div 1\frac{3}{5}$ … $\frac{5}{4}\left(1\frac{1}{4}\right)$

② 次の計算をしましょう。

① $\frac{2}{3} \times \frac{6}{5} \times \frac{3}{10}$ … $\frac{6}{25}$
② $\frac{5}{6} \div \frac{5}{7} \div 6$ … $\frac{3}{7}$
③ $2\frac{1}{4} \times \frac{4}{15} \div 6$ … $\frac{1}{10}$
④ $\frac{1}{8} \div 7\frac{1}{2} \times \frac{5}{8}$ … $\frac{3}{32}$

③ 縦 1m² あたり $\frac{5}{8}$ L の塗料をぬります。$3\frac{1}{3}$ m² の板では，何 L の塗料をぬることになりますか。

式 $\frac{5}{8} \times 3\frac{1}{3} = \frac{25}{12}$

答え $\frac{25}{12}\left(2\frac{1}{12}\right)$ L

④ $1\frac{3}{5}$ L のジュースがあります。
毎日 $\frac{2}{5}$ L ずつ飲むと，何日で飲み終わることになりますか。

式 $1\frac{3}{5} \div \frac{2}{5} = 4$

答え 4 日

P.38

分数・小数・整数の まじった計算（1）　名前

① $0.3 \times \frac{5}{2}$ の計算のしかたを考えましょう。

　⑦ 0.3 を分数で表す　　　　④ $\frac{5}{2}$ を小数で表す

　　$0.3 = \boxed{\dfrac{3}{10}}$　　　　$\dfrac{5}{2} = \boxed{2.5}$

　　$0.3 \times \dfrac{5}{2} = \dfrac{3}{10} \times \dfrac{5}{2}$　　$0.3 \times \dfrac{5}{2} = 0.3 \times 2.5$

　　　　$= \dfrac{3 \times 5}{2 \cancel{10} \times 2}$　　　　$= \boxed{0.75}$

　　　　$= \boxed{\dfrac{3}{4}}$

　　（答えが同じになるか確かめよう。）

② 分数にそろえて計算しましょう。

　① $0.6 \times \dfrac{4}{5}$　$\dfrac{12}{25}$　　② $\dfrac{5}{8} \times 1.4$　$\dfrac{7}{8}$

　③ $0.5 \div \dfrac{3}{2}$　$\dfrac{1}{3}$　　④ $\dfrac{3}{7} \div 0.9$　$\dfrac{10}{21}$

　⑤ $1.2 \div \dfrac{3}{5}$　2

38

分数・小数・整数の まじった計算（2）　名前

● 次の計算をしましょう。

① $0.8 \div 3 \times \dfrac{5}{6} = \dfrac{8}{10} \div 3 \times \dfrac{5}{6}$

　　（小数や整数を分数になおして計算しよう！）

　　　$= \dfrac{8 \times 1 \times 5}{10 \times 3 \times 6}$

　　　$= \dfrac{2}{9}$

② $1.5 \times 1\dfrac{3}{5} \div 12$　$\dfrac{1}{5}$

③ $\dfrac{5}{9} \div 5 \times 2.7$　$\dfrac{3}{10}$

④ $\dfrac{5}{7} \times 0.21 \div 0.05$　3

⑤ $6 \times \dfrac{7}{8} \div 3.5$　$\dfrac{3}{2}$　$\left(1\dfrac{1}{2}\right)$

P.39

分数・小数・整数の まじった計算（3）　名前

● 次の計算をしましょう。

① $2 \times \dfrac{4}{7} \times 2.5$　$\dfrac{20}{7}$　$\left(2\dfrac{6}{7}\right)$

② $0.6 \times \dfrac{4}{5} \div 8$　$\dfrac{3}{50}$

③ $6 \times \dfrac{8}{9} \div 2.1$　$\dfrac{32}{7}$　$\left(4\dfrac{4}{7}\right)$

④ $\dfrac{9}{10} \times 3.6 \div 18$　$\dfrac{9}{50}$

⑤ $\dfrac{5}{9} \div 0.75 \times 6$　$\dfrac{40}{9}$　$\left(4\dfrac{4}{9}\right)$

39

分数・小数・整数の まじった計算（4）　名前

● 下の直方体の体積を求めましょう。（単位m）

①

$0.6 \times 3 \times \dfrac{5}{3} = 3$

答え　$3m^3$

②

$\dfrac{7}{6} \times 1.6 \times 5 = \dfrac{28}{3}$

答え　$\dfrac{28}{3}\left(9\dfrac{1}{3}\right)$ m^3

③

$3.2 \times 10 \times \dfrac{5}{4} = 40$

答え　$40m^3$

P.40

分数倍（1）　名前

● 長さのちがう赤と白のリボンがあります。

| 赤 | $\dfrac{3}{5}$ m |
| 白 | $\dfrac{4}{5}$ m |

① 白のリボンの長さは、赤のリボンの何倍ですか。

　（赤のリボンの長さを1としているよ。$\dfrac{3}{5} \times \mathbf{x} = \dfrac{4}{5}$ になるね。）

$\dfrac{4}{5} \div \dfrac{3}{5} = \dfrac{4}{3}$

答え　$\dfrac{4}{3}\left(1\dfrac{1}{3}\right)$ 倍

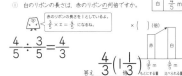

② 赤いリボンの長さは、白のリボンの何倍ですか。

　（今度は白いリボンの長さを1としているね。$\dfrac{4}{5} \times \mathbf{x} = \dfrac{3}{5}$ になるね。）

$\dfrac{3}{5} \div \dfrac{4}{5} = \dfrac{3}{4}$

答え　$\dfrac{3}{4}$ 倍

③ 青のリボンの長さは、白いリボンの $\dfrac{5}{3}$ 倍の長さです。青のリボンは何mですか。

$\dfrac{4}{5} \times \dfrac{5}{3} = \dfrac{4}{3}$

答え　$\dfrac{4}{3}\left(1\dfrac{1}{3}\right)$ m

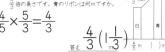

40

分数倍（2）　名前

● ジュースが $3\dfrac{1}{3}$ L あります。そのうち、ゆうきさんは $\dfrac{2}{3}$ L、えみさんは $\dfrac{4}{3}$ L 飲みました。

① ジュース全体の量を1としたとき、ゆうきさんの飲んだ量はどれだけにあたりますか。

　（$3\dfrac{1}{3} \times \mathbf{x} = \dfrac{2}{3}$ だから…。）

$\dfrac{2}{3} \div 3\dfrac{1}{3} = \dfrac{1}{5}$

答え　$\dfrac{1}{5}$

② ジュース全体の量を1としたとき、えみさんの飲んだ量はどれだけにあたりますか。

$\dfrac{4}{3} \div 3\dfrac{1}{3} = \dfrac{2}{5}$

答え　$\dfrac{2}{5}$

③ こうきさんは、ジュース全体の量を1としたとき、$\dfrac{1}{4}$ にあたる量を飲みました。こうきさんは何L飲みましたか。

$3\dfrac{1}{3} \times \dfrac{1}{4} = \dfrac{5}{6}$

答え　$\dfrac{5}{6}$ L

P.41

分数倍（3）　名前

① さくらさんは、800円のクッキーつめ合わせを買いました。これは、ロールケーキの値段の $\dfrac{2}{3}$ 倍です。ロールケーキの値段は何円ですか。

　（「もとにする量」を求める問題だね。）

$800 \div \dfrac{2}{3} = 1200$

答え　1200円

② 赤と青のリボンがあります。赤のリボンの長さは12mで、青のリボンの $\dfrac{6}{5}$ 倍の長さです。青のリボンは何mですか。

$12 \div \dfrac{6}{5} = 10$

答え　$10m$

③ 水そうに $\dfrac{5}{6}$ L の水を入れました。これは、水そうに入る水の体積の $\dfrac{1}{6}$ にあたります。この水そうには全部で何Lの水が入りますか。

$\dfrac{5}{6} \div \dfrac{1}{6} = 5$

答え　$5L$

41

分数倍（4）　名前

① ショートケーキの値段は、シュークリームの値段の $\dfrac{9}{5}$ 倍です。シュークリームの値段は250円です。ショートケーキの値段は何円ですか。

$250 \times \dfrac{9}{5} = 450$

答え　450円

② りんごジュースが $\dfrac{7}{8}$ L、ぶどうジュースが $\dfrac{5}{8}$ L あります。ぶどうジュースの量は、りんごジュースの量の何倍ですか。

$\dfrac{5}{8} \div \dfrac{7}{8} = \dfrac{5}{7}$

答え　$\dfrac{5}{7}$ 倍

③ 畑を $\dfrac{2}{9}$ a 耕しました。これは畑全体の $\dfrac{1}{3}$ にあたる面積です。畑全体の面積は何aですか。

$\dfrac{2}{9} \div \dfrac{1}{3} = \dfrac{2}{3}$

答え　$\dfrac{2}{3}$ a

P.42

比と比の値（1）　名前

① 下の3人がコーヒー牛乳を作りました。

コーヒー ■ と牛乳 □ の量の割合を比で表しましょう。

	コーヒー	牛乳	
めい			3 : 2
かずま			1 : 4
ゆうか			2 : 3

② 次の2つの数や量を比で表しましょう。

① サラダ油 25mL と酢 18mL

25 : 18

② 水 200mL と乳酸飲料 50mL

200 : 50

③ 5年生57人と6年生62人

57 : 62

42

比と比の値（2）　名前

● 次の比の値を求めましょう。約分できるものは約分しましょう。

① 2:3
$2 ÷ 3 = \dfrac{2}{3}$

② 7:5
$7 ÷ 5 = \dfrac{7}{5}$

③ 6:9
$6 ÷ 9 = \dfrac{6}{9}$ （約分）
$= \dfrac{2}{3}$

④ 12:6
$12 ÷ 6 = \dfrac{12}{6}$ （約分）
$= 2$

⑤ 5:4
$5 ÷ 4 = \dfrac{5}{4}$

⑥ 8:15
$8 ÷ 15 = \dfrac{8}{15}$

⑦ 18:12
$18 ÷ 12 = \dfrac{18}{12}$
$= \dfrac{3}{2}$

⑧ 9:24
$9 ÷ 24 = \dfrac{9}{24}$
$= \dfrac{3}{8}$

P.43

比と比の値（3）　名前

● 次の比の値を求めましょう。また，等しい比を ☐ の中から選んで，（ ）の中に書きましょう。

① 3:2　比の値 $\dfrac{3}{2}$　3:2 = (9:6)

9:4	9:6
$\dfrac{9}{4}$	$\dfrac{9}{6} = \dfrac{3}{2}$

② 2:5　比の値 $\dfrac{2}{5}$　2:5 = (8:20)

4:15	8:20
$\dfrac{4}{15}$	$\dfrac{8}{20} = \dfrac{2}{5}$ |

③ 9:15　比の値 $\dfrac{9}{15} = \dfrac{3}{5}$　9:15 = (3:5)

3:5	3:4
$\dfrac{3}{5}$	$\dfrac{3}{4}$

④ 10:8　比の値 $\dfrac{10}{8} = \dfrac{5}{4}$　10:8 = (5:4)

4:5	5:4
$\dfrac{4}{5}$	$\dfrac{5}{4}$

43

比と比の値（4）　名前

● ☐ にあてはまる数を書きましょう。

①
3:4 = 9:12　（×3）

②
5:3 = 10:6　（×2）

③
2:3 = 4:6　（×2）

④
4:5 = 20:25　（×5）

⑤ 2:5 = 10:25

⑥ 7:2 = 21:6

⑦ 4:9 = 12:27

⑧ 8:3 = 32:12

P.44

比と比の値（5）　名前

● ☐ にあてはまる数を書きましょう。

① 21:15 = 7:5　（÷3）

② 36:10 = 18:5　（÷2）

③ 30:35 = 6:7　（÷5）

④ 24:18 = 4:3　（÷6）

⑤ 48:30 = 8:5

⑥ 28:36 = 7:9

⑦ 35:10 = 7:2

⑧ 40:24 = 5:3

44

比と比の値（6）　名前

● 次の比を簡単にしましょう。

① 6:9 = 2:3　（÷3）

② 8:12 = 2:3　（÷4）

③ 18:30 = 3:5

④ 24:16 = 3:2

⑤ 25:20 = 5:4

⑥ 12:15 = 4:5

⑦ 36:27 = 4:3

⑧ 16:28 = 4:7

 2つの数の公約数でわって，できるだけ小さい整数の比にしましょう。

P.45

比と比の値（7）　名前

● 次の比を簡単にしましょう。

① 0.6:1.5 = 2:5

0.6:1.5 = 6:15 ⇒ 6:15 = 2:5　（×10）（÷3）
10倍して整数にする　できるだけ小さい整数の比にする

② 0.7:0.8 = 7:8

③ 2.4:3.6 = 2:3

④ 4.2:1.8 = 7:3

⑤ 3:1.5 = 2:1

45

比と比の値（8）　名前

● 次の比を簡単にしましょう。

① $\dfrac{3}{5} : \dfrac{9}{10}$ = 2:3

$\dfrac{3}{5} : \dfrac{9}{10} = \dfrac{6}{10} : \dfrac{9}{10} = 6:9 = 2:3$

② $\dfrac{5}{6} : \dfrac{7}{12}$ = 10:7

③ $\dfrac{4}{9} : \dfrac{5}{6}$ = 8:15

④ $\dfrac{4}{5} : \dfrac{3}{2}$ = 8:15

⑤ $\dfrac{2}{3} : 2$ = 1:3

100

P.46

比と比の値（9）　名前

① コーヒーとミルクが５：３になるようにして，カフェオレを作ります。
コーヒーを150mLにすると，ミルクは何 mL 必要ですか。
① 求める数を x として，□にあてはまる数や文字を書きましょう。

$\boxed{150}$ mL　$\boxed{x}$ mL
コーヒー $\boxed{5}$　ミルク $\boxed{3}$

② 比の式に表して，x を求めましょう。

$$5:3 = 150:x$$
（×30）

$x = \boxed{90}$　　答え $\boxed{90}$ mL

② 次の式で x の表す数を求めましょう。
① $2:7 = 6:x$　　$x = 21$
② $6:5 = 24:x$　　$x = 20$
③ $5:8 = x:48$　　$x = 30$
④ $9:3 = x:15$　　$x = 45$

46

比と比の値（10）　名前

① 縦と横の長さが４：７になるように，長方形の用紙をつくります。
横の長さを28cmにすると，縦の長さは何 cm にすればいいですか。
① 求める数を x として，比の式に表しましょう。

$$4:7 = \boxed{x}:\boxed{28}$$

縦（4）
x cm
横（7）28cm

② x（縦の長さ）を求めましょう。

答え $\boxed{16}$ cm

② サラダ油と酢の量を２：３になるようにしてドレッシングを作ります。
酢の量を120mLにすると，サラダ油は何 mL 用意すればいいですか。

x mL　$\boxed{120}$ mL
サラダ油(2)　酢(3)

式　$2:3 = x:120$
$x = 80$

答え 80mL

P.47

比と比の値（11）　名前

● ジュースが500mL あります。姉と妹で比が３：２になるように分けます。２人のジュースの量は，それぞれ何 mL ですか。

500mL
姉(3)　妹(2)

解き方１

姉　$500 ÷ 5 × \boxed{3} = \boxed{300}$
妹　$500 ÷ 5 × \boxed{2} = \boxed{200}$
（5 等分した１つ分の量を使って計算しているね。）

解き方２
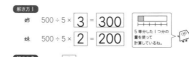
姉　$500 × \dfrac{3}{5} = \boxed{300}$
妹　$500 × \dfrac{2}{5} = \boxed{200}$
（全体の量500mLを１とみて計算しているね。）

解き方３
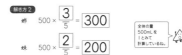
姉　$3:5 = x:500$
$x = \boxed{300}$
妹　$2:5 = x:500$
$x = \boxed{200}$
（「部分：全体」の比の式に表しているね。）

答え 姉 $\boxed{300}$ mL，妹 $\boxed{200}$ mL

比と比の値（12）　名前

① 長さ36mのひもを，比が４：５になるように分けようと思います。何 m と何 m にすればよいですか。

36m
4　5

（例）$4:9 = x:36$
式　$x = 16$
$36-16=20$

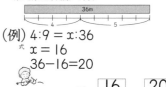

答え $\boxed{16}$ mと，$\boxed{20}$ m

② 1200 円の本を，兄と弟の２人で比が５：３になるようにお金を出して買うことにしました。それぞれ何円出せばよいですか。

1200円
兄 5　弟 3

（例）$5:8 = x:1200$
式　$x = 750$
$1200-750=450$

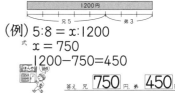

答え 兄 $\boxed{750}$ 円 弟 $\boxed{450}$ 円

47

P.48

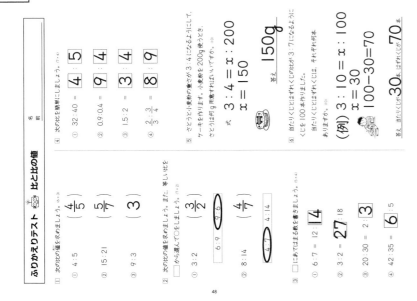

ふりかえりテスト　比と比の値　名前

① 次の比の値を求めましょう。
① $4:5$　$\dfrac{4}{5}$
② $15:21$　$\dfrac{5}{7}$
③ $9:3$　3

② 次の比の値を求めましょう。また，等しい比を $\square$ から選んで書きましょう。
① $3:2$　$\dfrac{3}{2}$　$6:9$
② $8:14$　$\dfrac{4}{7}$　$4:14$

③ □にあてはまる数を書きましょう。
① $6:7 = 12:\boxed{14}$
② $3:2 = 2:\boxed{3}$ ... $27:18$
③ $20:30 = 2:\boxed{3}$
④ $42:35 = \boxed{6}:5$

④ 次の比を簡単にしましょう。
① $32:40 = \boxed{4}:\boxed{5}$
② $0.9:0.4 = \boxed{9}:\boxed{4}$
③ $1.5:2 = \boxed{3}:\boxed{4}$
④ $\dfrac{2}{3}:\dfrac{3}{4} = \boxed{8}:\boxed{9}$

⑤ ビスケット生地の量が３：４になるようにして，ケーキを作ります。小麦粉を200g使うとき，ビスケットは何g用意すればいいですか。

式　$3:4 = x:200$
$x = 150$

答え 150g

⑥ 当たりくじとはずれくじの数が３：７になるように，当たりくじとはずれくじを100本作りました。それぞれ何本ありますか。

（例）$3:10 = x:100$
$x = 30$
$100-30=70$

答え 当たりくじ 30本，はずれくじ 70本

48

P.49

拡大図と縮図（1）　名前

● 下の⑦と④の２つの図について調べましょう。

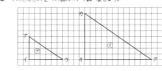
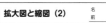

① 対応する辺の長さを簡単な比で表しましょう。
・辺アイ：辺カキ $= \boxed{1}:\boxed{2}$
・辺イウ：辺キク $= \boxed{1}:\boxed{2}$
・辺ウア：辺クカ $= \boxed{1}:\boxed{2}$

② 対応する角の大きさを調べて，あてはまる方に○をしましょう。
・角アと角カの大きさは（（等しい）　等しくない）
・角イと角キの大きさは（（等しい）　等しくない）
・角ウと角クの大きさは（（等しい）　等しくない）

③ □にあてはまる数字を書きましょう。
・④は⑦の $\boxed{2}$ 倍の拡大図です。
・⑦は④の $\boxed{2}$ 分の１の縮図です。

拡大図と縮図（2）　名前

① ⑦の拡大図はどれですか。また，それは何倍の拡大図ですか。

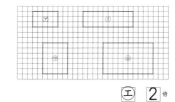

$\boxed{エ}$ $\boxed{2}$ 倍

② ⑦の縮図はどれですか。また，それは何分の１の縮図ですか。

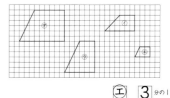

$\boxed{エ}$ $\boxed{3}$ 分の１

49

P.50

拡大図と縮図（3） 名前

① 三角形 DEF は、三角形 ABC の2倍の拡大図です。

① 辺 BC に対応する辺はどれですか。また、何 cm ですか。　辺 **EF** ・ **10** cm
② 角 C に対応する角はどれですか。また、何度ですか。　角 **F** ・ **70** 度
③ 辺 CA に対応する辺はどれですか。また、何 cm ですか。　辺 **FD** ・ **6** cm

② 長方形 EFGH は、長方形 ABCD の1.5倍の拡大図です。

① 辺 BC に対応する辺はどれですか。また、何 cm ですか。　辺 **FG** ・ **9** cm
② 辺 GH に対応する辺はどれですか。また、何 cm ですか。　辺 **CD** ・ **4** cm

拡大図と縮図（4） 名前

● 下の長方形 ABCD の2倍の拡大図 EFGH、3倍の拡大図 IJKL をかきましょう。

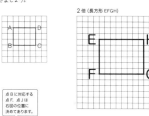

2倍（長方形 EFGH）

3倍（長方形 IJKL）

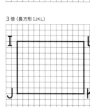

点 F、点 J は右図の位置に決めてあります。

P.51

拡大図と縮図（5） 名前

● 下の三角形 ABC の2倍の拡大図 DEF、3倍の拡大図 GHI をかきましょう。

2倍（三角形 DEF）

3倍（三角形 GHI）

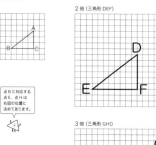

点 B に対応する点 E、点 H は右図の位置に決めてあります。

拡大図と縮図（6） 名前

① 下の長方形 ABCD の1/2の縮図 EFGH、1/3の縮図 IJKL をかきましょう。

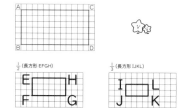

1/2（長方形 EFGH）　　1/3（長方形 IJKL）

② 下の三角形 ABC の1/2の縮図 DEF をかきましょう。

1/2（三角形 DEF）

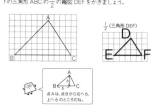

点 A は、点 B から右へ6、上へ6のところだね。

P.52

拡大図と縮図（7） 名前

① 三角形 ABC を2倍に拡大した三角形 DEF を、3つの辺の長さを使ってかきましょう。

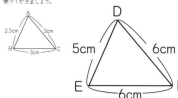

② 三角形 ABC を2倍に拡大した三角形 DEF を、2辺とその間の角を使ってかきましょう。

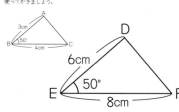

拡大図と縮図（8） 名前

① 三角形 ABC を2倍に拡大した三角形 DEF を、1つの辺の長さとその両はしの角度を使ってかきましょう。

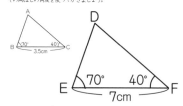

② 三角形 ABC を1/2に縮小した三角形 DEF をかきましょう。

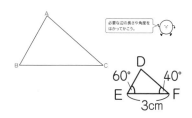

必要な辺の長さや角度をはかってかこう。

P.53

拡大図と縮図（9） 名前

① 三角形 ABC の2倍の拡大図三角形 DBE を、頂点 B を中心にしてかきましょう。

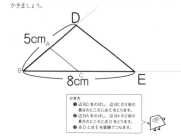

かき方
❶ 辺 BC をのばし、辺 BC の2倍の長さのところに点 E をとります。
❷ 辺 BA をのばし、辺 BA の2倍の長さのところに点 D をとります。
❸ 点 D と点 E を直線でつなぎます。

② 三角形 ABC の2倍の拡大図を、頂点 B を中心にしてかきましょう。

辺の長さは、コンパスでうつし取るといいね。

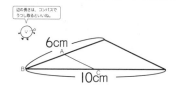

拡大図と縮図（10） 名前

① 三角形 ABC の1/2の縮図を頂点 B を中心にしてかきましょう。

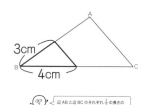

辺 AB と辺 BC のそれぞれ1/2の長さのところにしるしをつけて直線でつなごう。

② 三角形 ABC の1/3の縮図を頂点 B を中心にしてかきましょう。

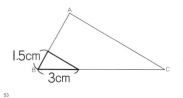

P.54

拡大図と縮図（11） 名前

① 四角形 ABCD の2倍の拡大図を，頂点 B を中心にしてかきましょう。

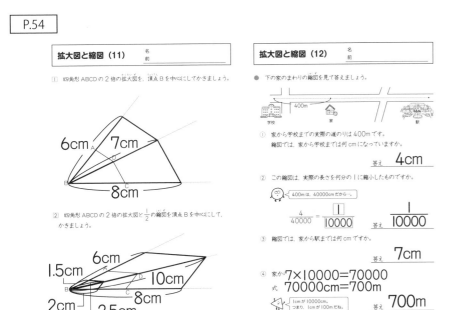

6cm　7cm　8cm

② 四角形 ABCD の2倍の拡大図と $\frac{1}{2}$ の縮図を頂点 B を中心にして，かきましょう。

1.5cm　6cm　10cm　2cm　2.5cm　8cm

拡大図と縮図（12） 名前

● 下の家のまわりの縮図を見て答えましょう。

400m　学校　家　駅

① 家から学校までの実際の道のりは 400m です。縮図では，家から学校までは何 cm になっていますか。

答え　4cm

② この縮図は，実際の長さを何分の1に縮小したものですか。

400m は，40000cm だから…。

$\frac{4}{40000} = \frac{1}{10000}$　答え　$\frac{1}{10000}$

③ 縮図では，家から駅までは何 cm ですか。

答え　7cm

④ 式　7×10000＝70000
70000cm＝700m

1cm が 10000cm，つまり，1cm が 100m だね。

答え　700m

P.55

拡大図と縮図（13） 名前

● 右の図の木の高さは約何 m ですか。三角形 ABC の $\frac{1}{100}$ の縮図をかいて求めましょう。

A　40°　6m　B　C

① 辺 BC は，何 cm にすればよいですか。

6m ＝ 600cm
600 ÷ 100 ＝ **6**

答え　6cm

② 三角形 ABC の $\frac{1}{100}$ の縮図をかきましょう。

A　B　40°　6cm　C

③ 縮図のところをはかり，実際の長さを求めましょう。

AC ＝ 5cm
式　5×100＝500
500cm＝5m

答え　約　5m

拡大図と縮図（14） 名前

● 右の図の AC のきょりは約何 m ですか。三角形 ABC の $\frac{1}{1000}$ の縮図をかいて求めましょう。

A　85°　40m　50m　B　C

① 辺 AB，辺 BC は，それぞれ何 cm にすればよいですか。

辺 AB　40m ＝ 4000cm
4000 ÷ 1000 ＝ **4**　4cm

辺 BC　50m ＝ 5000cm
5000 ÷ 1000 ＝ **5**　5cm

② 三角形 ABC の $\frac{1}{1000}$ の縮図をかきましょう。

2つの辺の長さと，その間の角の大きさを使ってかけるね。

A　4cm　85°　B　5cm　C

③ 縮図のところをはかり，実際の長さを求めましょう。

AC ＝ 6cm
式　6×1000＝6000
6000cm＝60m

答え　約　60m

P.56

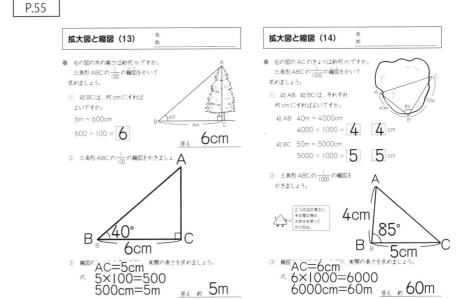

ふりかえりテスト　拡大図と縮図

P.57

円の面積（1） 名前

① 円の面積を求める公式と円周の長さを求める公式を書きましょう。

円の面積 ＝ **半径** × **半径** × 3.14

円周の長さ ＝ **直径** × 3.14

円周は5年生で学習したよ。

② 次の円の面積と，円周の長さを求めましょう。

① 4cm
円の面積
4×4×3.14
＝50.24

50.24cm²

② 8cm
円の面積
8×8×3.14
＝200.96

200.96cm²

円周の長さ
直径 **8** cm
8×3.14＝25.12

25.12cm

円周の長さ
直径 **16** cm
16×3.14＝50.24

50.24cm

円の面積（2） 名前

● 次の円の面積を求めましょう。

① 10cm
10×10×3.14
＝314

314cm²

② 6cm
6×6×3.14
＝113.04

113.04cm²

③ 24cm
半径 ＝ **12** cm
12×12×3.14
＝452.16

452.16cm²

④ 10cm
半径 ＝ **5** cm
5×5×3.14
＝78.5

78.5cm²

P.58

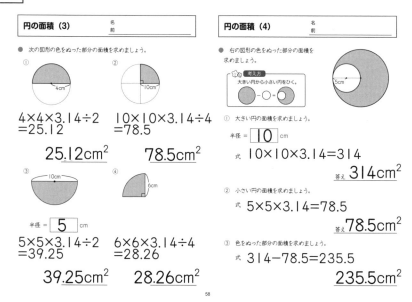

円の面積（3） 名前

● 次の図形の色をぬった部分の面積を求めましょう。

① $4×4×3.14÷2 =25.12$ **25.12cm²**

② $10×10×3.14÷4 =78.5$ **78.5cm²**

③ 半径＝**5**cm $5×5×3.14÷2 =39.25$ **39.25cm²**

④ $6×6×3.14÷4 =28.26$ **28.26cm²**

円の面積（4） 名前

● 右の図形の色をぬった部分の面積を求めましょう。

考え方　大きい円から小さい円をひく。
－ ○ ＝ ●

① 大きい円の面積を求めましょう。
半径＝**10**cm
式 $10×10×3.14=314$
答え **314cm²**

② 小さい円の面積を求めましょう。
式 $5×5×3.14=78.5$
答え **78.5cm²**

③ 色をぬった部分の面積を求めましょう。
式 $314-78.5=235.5$
答え **235.5cm²**

58

P.59

円の面積（5） 名前

① 右の図形の色をぬった部分の面積を求めましょう。

考え方　正方形から1/4円をひく。

正方形の面積 $10×10=100$ **100cm²**

1/4円の面積 $10×10×3.14÷4=78.5$ **78.5cm²**

色をぬった部分の面積を求めましょう。
$100-78.5=21.5$ **21.5cm²**

② 右の図形の色をぬった部分の面積を求めましょう。

は、合わせると円になるよ。

$20×20=400$
$10×10×3.14=314$
$400-314=86$
答え **86cm²**

円の面積（6） 名前

● 次の図形の面積を求めましょう。
面積の広い順に下の（ ）に記号を書きましょう。

⑦ 半径9cmの円
$9×9×3.14 =254.34$ **254.34cm²**

① $6×6×3.14 =113.04$ **113.04cm²**

⑦ $8×8×3.14÷2 =100.48$ **100.48cm²**

② $8×8×3.14÷4 =50.24$ **50.24cm²**

⑦ 色をぬった部分
$20×40=800$
$20×20×3.14÷2=628$
$800-628=172$
答え **172cm²**

広い順に1から記号を書こう。
1（ア）2（オ）3（イ）4（ウ）5（エ）

59

P.60

ふりかえりテスト　円の面積

⑤ $2×2×3.14÷2 =6.28$ **6.28cm²**

⑥ $4×4×3.14÷4 =12.56$ **12.56cm²**

③ 次の図形の色をぬった部分の面積を求めましょう。

① まず、大きい円の面積を求めましょう。 $7×7×3.14=153.86$ **153.86cm²**

② 次に、小さい円の面積を求めましょう。 $5×5×3.14=78.5$ **78.5cm²**

③ さいごから、色をぬった部分の面積を求めましょう。 $153.86-78.5=75.36$ **75.36cm²**

① 円の面積を求める公式を書きましょう。
円の面積＝**半径**×**半径**×**3.14**

② 次の図形の面積を求めましょう。

① $3×3×3.14 =28.26$ **28.26cm²**

② $5×5×3.14 =78.5$ **78.5cm²**

③ $9×9×3.14 =254.34$ **254.34cm²**

④ $6×6×3.14÷2 =56.52$ **56.52cm²**

60

P.61

角柱と円柱の体積（1） 名前

① 右の四角柱（直方体）の体積を求めましょう。

① 四角柱の底面積を求めましょう。
立体の底面の面積のことを底面積という。
式 $5×4=20$
答え **20cm²**

② 角柱の体積を求める公式にあてはめて体積を求めましょう。
底面積 **20** × 高さ **8** ＝ **160**
角柱の体積＝底面積×高さ
答え **160cm³**

② 右の四角柱（立方体）の体積を求めましょう。
式
底面積 **4** × **4** × 高さ **4** ＝ **64**
答え **64cm³**

角柱と円柱の体積（2） 名前

● 下の四角柱の体積を求めましょう。　角柱の体積＝底面積×高さ

① 式 $6×4×7=168$ 答え **168cm³**

② 立方体 式 $5×5×5=125$ 答え **125cm³**

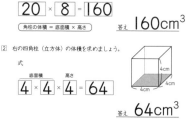

③ 式 $15×8×5=600$ 答え **600cm³**

61

P.62

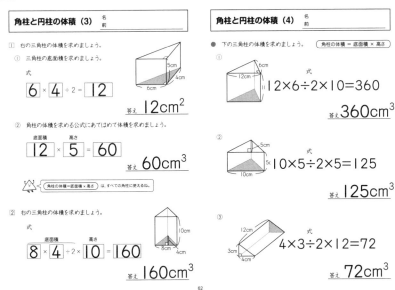

角柱と円柱の体積（3） 名前

① 右の三角柱の体積を求めましょう。

① 三角柱の底面積を求めましょう。

式 $6 × 4 ÷ 2 = 12$

答え $12cm^2$

② 角柱の体積を求める公式にあてはめて体積を求めましょう。

底面積 高さ
$12 × 5 = 60$

答え $60cm^3$

角柱の体積＝底面積×高さ は，すべての角柱に使えるね。

② 右の三角柱の体積を求めましょう。

式
底面積 高さ
$8 × 4 ÷ 2 × 10 = 160$

答え $160cm^3$

角柱と円柱の体積（4） 名前

● 下の三角柱の体積を求めましょう。　角柱の体積 = 底面積 × 高さ

① 式 $12 × 6 ÷ 2 × 10 = 360$

答え $360cm^3$

② 式 $10 × 5 ÷ 2 × 5 = 125$

答え $125cm^3$

③ 式 $4 × 3 ÷ 2 × 12 = 72$

答え $72cm^3$

62

P.63

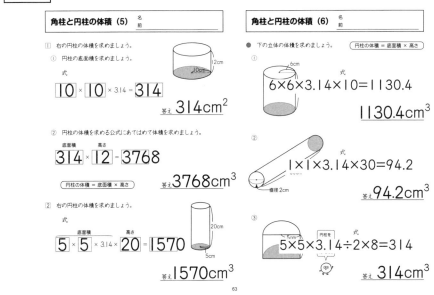

角柱と円柱の体積（5） 名前

① 右の円柱の体積を求めましょう。

① 円柱の底面積を求めましょう。

式 $10 × 10 × 3.14 = 314$

答え $314cm^2$

② 円柱の体積を求める公式にあてはめて体積を求めましょう。

底面積 高さ
$314 × 12 = 3768$

答え $3768cm^3$

円柱の体積 = 底面積 × 高さ

② 右の円柱の体積を求めましょう。

式
底面積 高さ
$5 × 5 × 3.14 × 20 = 1570$

答え $1570cm^3$

角柱と円柱の体積（6） 名前

● 下の立体の体積を求めましょう。　円柱の体積 = 底面積 × 高さ

① 式 $6 × 6 × 3.14 × 10 = 1130.4$

$1130.4cm^3$

② 式 $1 × 1 × 3.14 × 30 = 94.2$

直径2cm

答え $94.2cm^3$

③ 式 $5 × 5 × 3.14 ÷ 2 × 8 = 314$

円柱を

答え $314cm^3$

63

P.64

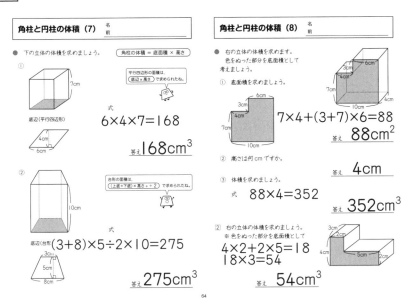

角柱と円柱の体積（7） 名前

● 下の立体の体積を求めましょう。　角柱の体積 = 底面積 × 高さ

① 式 $6 × 4 × 7 = 168$

底辺（平行四辺形）

平行四辺形の面積は，
底辺 × 高さ で求められたね。

答え $168cm^3$

② 式 $(3 + 8) × 5 ÷ 2 × 10 = 275$

底辺（台形）

台形の面積は，
(上底 + 下底) × 高さ ÷ 2 で求められたね。

答え $275cm^3$

角柱と円柱の体積（8） 名前

● 右の立体の体積を求めます。
色をぬった部分を底面積として
考えましょう。

① 底面積を求めましょう。

$7 × 4 + (3 + 7) × 6 = 88$

答え $88cm^2$

② 高さは何cmですか。

答え $4cm$

③ 体積を求めましょう。

式 $88 × 4 = 352$

答え $352cm^3$

② 右の立体の体積を求めましょう。
※色をぬった部分を底面積として

$4 × 2 + 2 × 5 = 18$
$18 × 3 = 54$

答え $54cm^3$

64

P.65

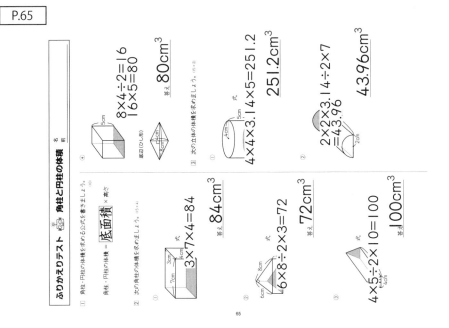

ふりかえりテスト 角柱と円柱の体積 名前

① 角柱・円柱の体積を求める公式を書きましょう。

角柱・円柱の体積 = **底面積** × 高さ

② 次の角柱の体積を求めましょう。

① 式 $3 × 7 × 4 = 84$

答え $84cm^3$

② 式 $6 × 8 ÷ 2 × 3 = 72$

答え $72cm^3$

③ 式 $4 × 5 ÷ 2 × 10 = 100$

答え $100cm^3$

③ 次の立体の体積を求めましょう。

④ 式 $8 × 4 ÷ 2 = 16$
$16 × 5 = 80$

底辺（ひし形）

答え $80cm^3$

① 式 $4 × 4 × 3.14 × 5 = 251.2$

答え $251.2cm^3$

② 式 $2 × 2 × 3.14 ÷ 2 × 7$
$= 43.96$

答え $43.96cm^3$

65

105

P.66

およその面積と体積 (1)　名前
およその面積

① 右のような形の池の
およその面積を求めましょう。

平行四辺形とみて
面積を求めよう。

式

$700 × 500 = 350000$

答え　約 $350000 m^2$

② 右のような形の公園の
およその面積を求めましょう。

円とみて
面積を求めよう。

200m

式

$100 × 100 × 3.14 = 31400$

答え　約 $31400 m^2$

およその面積と体積 (2)　名前
およその面積

① 右のような形の公園の
およその面積を求めましょう。

平行四辺形とみて
面積を求めよう。

500m
300m

式　$300 × 500 = 150000$

答え　約 $150000 m^2$

② 右のような形の畑の
およその面積を求めましょう。

台形とみて
面積を求めよう。

50m
160m
150m

式

$(50 + 150) × 160 ÷ 2 = 16000$

答え　約 $16000 m^2$

66

P.67

およその面積と体積 (3)　名前
およその体積

① れいぞうこを図のように
四角柱とみて，およその容積を
求めましょう。

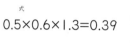

0.5　0.6
1.3

式

$0.5 × 0.6 × 1.3 = 0.39$

答え　約 $0.39 m^3$ （長さの単位は m）

② のりまきを図のように
円柱とみて，およその体積を
求めましょう。

※ 電卓を使って計算してみよう。

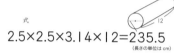

12

式

$2.5 × 2.5 × 3.14 × 12 = 235.5$ （長さの単位は cm）

答え $235.5 cm^3$

およその面積と体積 (4)　名前
およその体積

① バスを図のように四角柱とみて，
およその容積を求めましょう。

7
2
3

式

$7 × 2 × 3 = 42$

答え　約 $42 m^3$ （長さの単位は m）

② バウムクーヘンのおよその体積を
求めましょう。

※ 電卓を使って計算してみよう。

$6 × 6 × 3.14 − 2 × 2 × 3.14$
$= 100.48$
$100.48 × 3 = 301.44$

（長さの単位は cm）

答え $301.44 cm^3$

67

P.68

比例 (1)　名前

● 直方体の水そうに水を入れます。1分間に3cmの深さの水を
入れるときの，水を入れる時間と水の深さの関係を調べましょう。

① 次の時間では，水の深さは何cmになりますか。

2分…（ 6 ）cm　3分…（ 9 ）cm　4分…（ 12 ）cm

② 時間を x分，深さを ycmとして，下の表を完成させましょう。

水を入れる時間と深さ

時間 x（分）	1	2	3	4	5	6
深さ y（cm）	3	6	9	12	15	18

③ 深さは時間に比例しますか。正しい方に○をつけましょう。

（ （比例している） 比例していない ）

④ 表を見て，（ ）にあてはまる数を書きましょう。

・x の値が2倍，3倍になると，y の値も（ 2 ）倍，
（ 3 ）倍になります。

・y の数を x の数でわると，いつも（ 3 ）になります。

・x の値が1増えるとき，y の値はいつも（ 3 ）増えます。

⑤ （ ）にあてはまる数を入れて，y を x の式で表しましょう。

決まった数

$y = （ 3 ） × x$

比例 (2)　名前

● 縦の長さが4cmの長方形の横を xcm，面積を ycm²として，
2つの量の関係を表を使って調べましょう。

4cm

1cm　2cm　3cm　4cm　5cm

① 表を完成させましょう。

長方形の横の長さと面積

横の長さ x（cm）	1	2	3	4	5	6
面積 y（cm²）	4	8	12	16	20	24

② 面積は横の長さに比例していますか。正しい方に○をつけましょう。

（ （比例している） 比例していない ）

③ 表を見て，（ ）にあてはまる数を書きましょう。

・x の値が2倍，3倍になると，y の値も（ 2 ）倍，
（ 3 ）倍になります。

・y の数を x の数でわると，いつも（ 4 ）になります。

・x の値が1増えるとき，y の値はいつも（ 4 ）増えます。

④ （ ）にあてはまる数を入れて，y を x の式で表しましょう。

$y = （ 4 ） × x$

68

P.69

比例 (3)　名前

● 1mの重さが50gの針金があります。針金の長さを xm，
重さを ygとして，2つの量の関係を調べましょう。

① 表を完成させましょう。

針金の長さと重さ

長さ x（m）	1	2	3	4	5	6	7
重さ y（g）	50	100	150	200	250	300	350

② y（重さ）は x（長さ）に比例していますか。
正しい方に○をつけましょう。

（ （比例している） 比例していない ）

③ 表を見て，（ ）にあてはまる数を書きましょう。

・x の値が $\frac{1}{2}$ 倍，$\frac{1}{3}$ 倍になると，y の値も（ $\frac{1}{2}$ ）倍，
（ $\frac{1}{3}$ ）倍になります。

・y ÷ x の商は，いつも（ 50 ）になります。

④ y を x の式で表しましょう。

$y = 50 × x$

比例 (4)　名前

● 下の図のように，底面積が8cm²の四角柱の高さを1cm，2cm，
3cm…と変えていきます。

1cm　2cm　3cm　4cm
8cm²

① 高さを xcm，体積を ycm³として，2つの量の関係を
表にまとめましょう。

四角柱の高さと体積

高さ x（cm）	1	2	3	4	5	6
体積 y（cm³）	8	16	24	32	40	48

② 体積は高さに比例していますか。正しい方に○をつけましょう。

（ （比例している） 比例していない ）

③ 表を見て，（ ）にあてはまる数を書きましょう。

・x の値が $\frac{1}{2}$ 倍，$\frac{1}{3}$ 倍になると，y の値も（ $\frac{1}{2}$ ）倍，
（ $\frac{1}{3}$ ）倍になります。

・y ÷ x の商は，いつも（ 8 ）になります。

④ y を x の式で表しましょう。

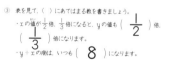

$y = 8 × x$

69

児童に実施させる前に，必ず指導される方が問題を解いてください。本書の解答は，あくまでも1つの例です。指導される方の作られた解答をもとに，本書の解答例を参考に児童の多様な考えに寄り添って○つけをお願いします。

解答

P.70

比例 (5)　名前

● 下の表は，底辺が5cmの平行四辺形の高さ $x$cm と面積 $y$cm² を表したものです。

高さ x (cm)	1	2	3	4	5	6
面積 y (cm²)	5	10	15	20	25	30

$\frac{1}{3}$ 倍　　0.6倍　　㋐倍　㋑倍

① 平行四辺形の面積は高さに比例していますか。正しい方に○をつけましょう。
（ ⦅比例している⦆　　比例していない ）

② ㋐，㋑にあてはまる数を求めましょう。
㋐ $\left(\dfrac{1}{3}\right)$　　㋑ 0.6

③ $y÷x$ の商は，いつもどんな数になりますか。（ 5 ）

④ y を x の式で表しましょう。
$y = \boxed{5×x}$

比例 (6)　名前

① 時速60kmの自動車が走る時間を x 時間，道のりを $y$km として考えましょう。

① 2つの量の関係を表にまとめましょう。

時速60kmの自動車が走る時間と道のり

時間 x (時間)	1	2	3	4	5	6
道のり y (km)	60	120	180	240	300	360

② y を x の式で表しましょう。
$y = \boxed{60×x}$

② 底面積が10cm²の三角柱の高さを $x$cm，体積を $y$cm³ として考えましょう。

① 2つの量の関係を表にまとめましょう。

三角柱の高さと体積

高さ x (cm)	1	2	3	4	5	6
体積 y (cm³)	10	20	30	40	50	60

② y を x の式で表しましょう。
$y = \boxed{10×x}$

70

P.71

比例 (7)　名前

● 直方体の水そうに水を入れた時間 x 分と，たまった水の深さ $y$cm の関係を表すグラフをかきましょう。

水を入れた時間と深さ

x (分)	1	2	3	4	5	6
y (cm)	3	6	9	12	15	18

① x の値が1，y の値が3になる点を右のグラフにとりましょう。

② x の値が2，y の値が6になる点を右のグラフにとりましょう。

③ 同じように表にある x の値に対応する y の値になる点をとりましょう。

④ 0の点を通るように点を直線で結びましょう。

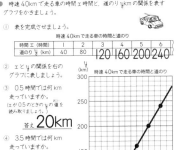
水を入れた時間と深さ（グラフ）

比例 (8)　名前

● 時速40kmで走る車の時間 x 時間と，道のり $y$km の関係を表すグラフをかきましょう。

① 表を完成させましょう。

時速40kmで走る車の時間と道のり

時間 x (時間)	1	2	3	4	5	6
道のり y (km)	40	80	120	160	200	240

② x と y の関係を右のグラフに表しましょう。

③ 0.5時間では何km走っていますか。
（x が0.5のときの y の値を読み取りましょう。）
答え 20km

④ 3.5時間では何km走っていますか。
（x が3.5のときの y の値を読み取りましょう。）
答え 140km

⑤ 220kmを走るのはスタートして何時間のときですか。
（y が220のときの x の値を読み取りましょう。）
答え 5.5 時間

時速40kmで走る車の時間と道のり（グラフ）

71

P.72

比例 (9)　名前

● 下のグラフは，針金の長さ xm と重さ yg の関係を表したものです。

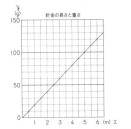
針金の長さと重さ（グラフ）

① 針金1mの重さは何gですか。　答え 20g

② y を x の式で表しましょう。　$y = \boxed{20×x}$

③ 針金2.5mの重さは何gですか。
式 $20×2.5=50$　　答え 50g

④ 針金90gのときの長さは何mですか。
式 $90÷20=4.5$　　答え 4.5m

比例 (10)　名前

● 下のグラフは，電車Aと電車Bが同時に出発したときの，時間 x 時間と進んだ道のり $y$km を表しています。

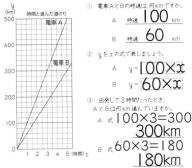
時間と進んだ道のり（グラフ）　電車A　電車B

① 電車AとBの時速は，何kmですか。
A 時速 100 km
B 時速 60 km

② y を x の式で表しましょう。
A $y=100×x$
B $y=60×x$

③ 出発して3時間たったとき，AとBは何km進んでいますか。
A 式 $100×3=300$　300km
B 式 $60×3=180$　180km

④ 420km進むのにかかった時間は何時間ですか。
A $420÷100=4.2$　B $420÷60=7$
4.2 時間　　7 時間

72

P.73

比例 (11)　名前

● 画用紙10枚の重さをはかったら80gでした。
このことをもとにして，画用紙200枚の重さを求めましょう。

㋐，㋑ 2つの方法で求めよう。

㋐ ① この画用紙1枚の重さを求めましょう。
式 $80÷10=8$　　答え 8g

枚数 x (枚)	1	10	200
重さ y (g)		80	

（×200）（÷10）

② ①で求めた画用紙1枚の重さを使って，200枚の重さを求めましょう。
式 $8×200=1600$　　答え 1600g

㋑ ① 200は10の何倍ですか。
式　　答え 20 倍

枚数 x (枚)	10	200
重さ y (g)	80	

（×20）（×20）

② 重さ80gも同じ倍にして200gの重さを求めましょう。
式 $80×20=1600$　　答え 1600g

比例 (12)　名前

① 同じ重さのクリップ20個の重さをはかったら，12gでした。
このクリップ300個の重さは何gになりますか。

式 $300÷20=15$
$12×15=180$
答え 180g

	クリップの個数	
個数 x (個)	20	300
重さ y (g)	12	

② 比例の関係にあるものはどれですか。□に○をつけましょう。
（表に数をあてはめてみるとよくわかるよ。）

㋐ ○　底辺の長さが5cmの三角形の高さ $x$cm と面積 $y$cm²

高さ x (cm)	1	2	3	4	5
面積 y (cm²)	2.5	5	7.5	10	12.5

㋑ □　正方形の1辺の長さ $x$cm と面積 $y$cm²

1辺の長さ x (cm)	1	2	3	4	5
面積 y (cm²)	1	4	9	16	25

㋒ ○　時速3kmで歩く人の歩いた時間 x 時間と歩いた道のり $y$km

時間 x (時間)	1	2	3	4	5
道のり y (km)	3	6	9	12	15

73

P.74

反比例（1）　名前

● 面積が 24cm² の長方形の，縦の長さ $x$cm と横の長さ $y$cm の関係を調べましょう。

① 下の表を完成させましょう。

面積が 24cm² の長方形の縦と横の長さ

縦の長さ x (cm)	1	2	3	4	5	6	8	12	24
横の長さ y (cm)	24	12	8	6	4.8	4	3	2	1

② 次の文の □ にあてはまることばや数を下の □ から選んで書きましょう。

縦の長さ $x$cm が2倍になると，横の長さ $y$cm は $\frac{1}{2}$ 倍になります。

x が 3 倍になると，y は $\frac{1}{3}$ 倍になります。

このようになるとき，y は x に 反比例 するといいます。

また，縦の長さ $x$cm と，横の長さ $y$cm をかけると，必ず 24 になります。

比例　反比例　2倍　3倍　$\frac{1}{2}$　$\frac{1}{3}$　24　12

反比例（2）　名前

● 面積が 12cm² の長方形の，縦の長さ $x$cm と横の長さ $y$cm の関係を調べましょう。

縦の長さ x (cm)	1	2	3	4	6	12
横の長さ y (cm)	12	6	4	3	2	1

① 上の表の⑦，①にあてはまる数を書きましょう。

⑦ $\left(\frac{1}{2}\right)$ 倍　　① $\left(\frac{1}{3}\right)$ 倍

② 横の長さ y は，縦の長さ x に反比例していますか。

反比例している。

③ 縦の長さ x と横の長さ y をかけてみましょう。

$1 \times 12 = 12$　　$2 \times 6 = 12$　　$3 \times 4 = 12$
$4 \times 3 = 12$　　$6 \times 2 = 12$　　$12 \times 1 = 12$

④ 縦の長さ x と横の長さ y をかけると決まった数になります。その数は何ですか。下の式に数字を書きましょう。

$x \times y = 12$

⑤ 上の式から，y を x の式で表しましょう。

$y = 12 \div x$

P.75

反比例（3）　名前

● 36km の道のりを進むときの，時速 $x$km とかかる時間 y 時間を表にしました。

時速 x (km)	1	2	3	4	6	9	12	18	36
時間 y (時間)	36	18	12	9	6	4	3	2	1

① 上の表の⑦，①，⑦にあてはまる数を書きましょう。

⑦ (2) 倍　　① (3) 倍　　⑦ (4) 倍

② 時間 y は，時速 x に反比例していますか。

反比例している。

③ 時速 x と時間 y をかけると決まった数になります。その数は何ですか。下の □ に数字を書きましょう。

$x \times y = 36$

④ 上の式から，y を x の式で表しましょう。

$y = 36 \div x$

⑤ x の値が 5 と 15 のときの y の値を求めましょう。

式　x の値 5　$36 \div 5 = 7.2$　答え 7.2
式　x の値 15　$36 \div 15 = 2.4$　答え 2.4

反比例（4）　名前

● 300km の道のりを進むときの，時速 $x$km とかかる時間 y 時間は反比例しています。⑦，①，⑦にあてはまる数を求めましょう。

300km の道のりを進む時速と時間

時速 x (km)	10	20	⑦	50	60
時間 y (時間)	30	15	10	6	5

① 上の表の⑦，①，⑦にあてはまる数を書きましょう。

⑦ (15)
① (30)
⑦ (6)

② □ にあてはまる数字を書きましょう。

$x \times y = 300$

③ y を x の式で表しましょう。

$y = 300 \div x$

④ x の値が 25 のときの y の値を求めましょう。

式　$300 \div 25 = 12$　答え 12

⑤ y の値が 7.5 のときの x の値を求めましょう。

式　$300 \div 7.5 = 40$　答え 40

P.76

反比例（5）　名前

● 面積が 12cm² の長方形の，縦の長さ $x$cm と横の長さ $y$cm の関係をグラフに表しましょう。

面積が 12cm² の長方形の縦と横の長さ

縦の長さ x (cm)	1	2	3	4	5	6	8	10	12
横の長さ y (cm)	12	6	4	3	2.4	2	1.5	1.2	1

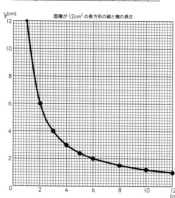

反比例（6）　名前

● 36km の道のりを進む速さ時速 $x$km とかかる時間 y 時間は反比例しています。表を完成させ，グラフに表しましょう。

時速 x (km)	1	2	3	4	6	9	12	18	36
時間 y (時間)	36	18	12	9	6	4	3	2	1

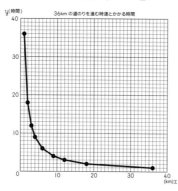

P.77

比例と反比例（1）　名前

● 次の⑦〜①で x と y の関係は比例していますか，また，反比例していますか。あてはまる方に○をしましょう。

⑦ 平行四辺形の面積が 20cm² の底辺の長さ $x$cm と高さ $y$cm

底辺の長さ x (cm)	1	2	4	5	10
高さ y (cm)	20	10	5	4	2

比例　（反比例）

① 1 枚 5g の紙の枚数 x 枚と重さ yg

紙の枚数 x (枚)	1	2	3	4	5
重さ y (g)	5	10	15	20	25

（比例）　反比例

⑦ 底辺が 3cm の平行四辺形の高さ $x$cm と面積 $y$cm²

高さ x (cm)	1	2	3	4	5
面積 y (cm²)	3	6	9	12	15

（比例）　反比例

① 18m のリボンを分ける人数 x 人と 1 人分の長さ ym

人数 x (人)	1	2	3	6	9
1 人分の長さ y (m)	18	9	6	3	2

比例　（反比例）

比例と反比例（2）　名前

● 次の⑦，①で，x と y の関係について調べましょう。

⑦ 時速 20km で進むときの時間 x 時間と道のり $y$km

時間 x (時間)	1	2	3	4	5
道のり y (km)	20	40	60	80	100

（比例）　反比例

① 20km を進むときの速さ $x$km と時間 y 時間

速さ x (km)	1	2	4	5	10
時間 y (時間)	20	10	5	4	2

比例　（反比例）

① ⑦と①は比例していますか，それとも反比例していますか。あてはまる方に○をしましょう。

② ⑦と①にあてはまる式を □ から選んで書きましょう。

⑦ ($y = 20 \times x$)　　① ($y = 20 \div x$)

$y = 20 + x$　　$y = 20 \times x$　　$y = 20 \div x$

③ ⑦と①をグラフに表すとどんなグラフになりますか。下の⑦，①から選びましょう。

⑦ (⑦)　　① (①)

P.78

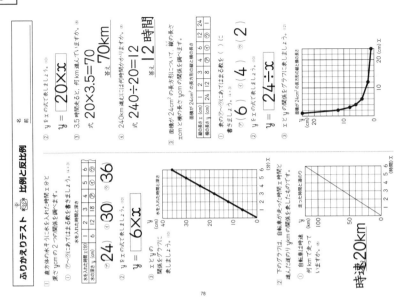

ふりかえりテスト　比例と反比例

P.79

並べ方と組み合わせ方 (1)　名前

● はるとさん，りくさん，そうたさんの 3 人でリレーのチームをつくります。3 人が走る順番は何通りあるか調べましょう。

① 第１走者を決めて，図にして考えましょう。

⑦ 第１走者が はるとの場合

2 通り

④ 第１走者が りくの場合

2 通り

⑦ 第１走者が そうたの場合

2 通り

② 3 人チームの走る順番は，全部で何通りありますか。

6 通り

並べ方と組み合わせ方 (2)　名前

● ゆうとさん，めいさん，はるきさん，さくらさんの 4 人でリレーのチームをつくります。4 人が走る順番は何通りあるか調べましょう。

① 図をかいて，それぞれ何通りあるか調べましょう。

⑦ 第１走者が ゆうとの場合　　④ 第１走者が めいの場合

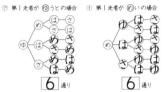

6 通り　　6 通り

⑦ 第１走者が はるきの場合　　④ 第１走者が さくらの場合

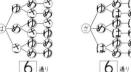

6 通り　　6 通り

② 4 人チームの走る順番は，全部で何通りありますか。

24 通り

P.80

並べ方と組み合わせ方 (3)　名前

● 3 , 4 , 5 の 3 枚のカードを使って，3 けたの整数をつくります。できる整数は，何通りあるか調べましょう。

① 百の位の数を決めて，図にして考えましょう。

⑦ 百の位が 3 の場合　　④ 百の位が 4 の場合

```
    4 ─ 5        3 ─ 5
3 <            4 <
    5 ─ 4        5 ─ 3
```
2 通り　　2 通り

⑦ 百の位が 5 の場合

```
    3 ─ 4
5 <
    4 ─ 3
```
2 通り

② 全部で何通りになりますか。

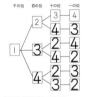

6 通り

並べ方と組み合わせ方 (4)　名前

① 1 , 2 , 3 , 4 の 4 枚のカードを使って，4 けたの整数をつくります。できる整数は，何通りあるか調べましょう。

① 千の位が 1 の場合，何通りありますか。

```
      2 ─ 4
    2 <
      4 ─ 3
      2 ─ 4
1 < 3 <
      4 ─ 2
      2 ─ 3
    4 <
      3 ─ 2
```
6 通り

② 全部で何通りになりますか。

千の位が 2 , 3 , 4 の場合も 6 通りずつあるから…

24 通り

② 1 , 2 , 3 , 4 の 4 枚のカードから 2 枚を使って，2 けたの整数をつくります。全部で何通りありますか。

```
    2        1        1        1
1 < 3    2 < 3    3 < 2    4 < 2
    4        4        4        3
```
12 通り

P.81

並べ方と組み合わせ方 (5)　名前

① A, B, C, D の 4 チームで，サッカーの試合をします。どのチームも，ちがったチームと 1 回ずつ試合をするとき，どんな組み合わせがあり，全部で何試合になるか考えましょう。右の表を使って考えましょう。

① A と A，B と B，C と C，D と D は，試合をすることはありません。そのますは，ななめの線をひきます。

② A と B の対戦と B と A の対戦は同じです。対戦するところに○をつけ，同じところは×をつけましょう。

③ 全部で何試合になりますか。

	A	B	C	D
A		○	○	○
B	×		○	○
C	×	×		○
D	×	×	×	

6 試合

② A, B, C, D, E の 5 チームで試合をすると，全部で何試合になりますか。右の図を使って調べましょう。

	A	B	C	D	E
A		○	○	○	○
B	×		○	○	○
C	×	×		○	○
D	×	×	×		○
E	×	×	×	×	

10 試合

並べ方と組み合わせ方 (6)　名前

● 下の 4 種類のケーキの中から，ちがう種類のケーキを 2 つ選んで買います。どんな組み合わせがありますか。また，全部で何通りありますか。

ショートケーキ　チョコレートケーキ　ロールケーキ　モンブラン

① 右の表を使って，2 種類の組み合わせを調べましょう。

同じ種類は選ばないので，ななめの線をひいて，同じ組み合わせのものには × をつけるよ。

② 組み合わせをすべて書きましょう。

ショートケーキ と チョコレートケーキ	ショートケーキ と ロールケーキ
ショートケーキ と モンブラン	チョコレートケーキ と ロールケーキ
チョコレートケーキ と モンブラン	ロールケーキ と モンブラン

③ 全部で何通りの組み合わせがありますか。

6 通り

P.82

並べ方と組み合わせ方（7） 名前

● こうきさん，ゆいさん，れんさん，ひなたさんの4人で公園に行きました。3人乗りの自転車がありました。3人で自転車に乗るにはどのような組み合わせがありますか。また，全部で何通りありますか。

① 右の表を使って，3人の組み合わせを調べましょう。

	こうき	ゆい	れん	ひなた
	○	○	○	
	○	○		○
	○		○	○
		○	○	○

乗る人に○をしよう。

② 組み合わせをすべて書きましょう。

こうき と	ゆい と	れん

こうきと ゆい とひなた
こうきと れん とひなた
ゆいと れん とひなた

③ 全部で何通りの組み合わせがありますか。 **4** 通り

並べ方と組み合わせ方（8） 名前

● 下の図で，ⒶからⒹまで行くのに，どんな行き方がありますか。また，全部で何通りありますか。

① ⒶからⒷにバスで行く場合，どんな行き方がありますか。また，何通りありますか。

Ⓐ─バス─Ⓑ─ケーブルカー─Ⓒ─ロープウェイ─Ⓓ
Ⓐ─バス─Ⓑ─ケーブルカー─Ⓒ─とほ─Ⓓ

2 通り

② 全部で何通りの行き方がありますか。 **6** 通り

③ Ⓑから©までの行き方に バス が増えると，全部で何通りの行き方になりますか。 **12** 通り

82

P.83

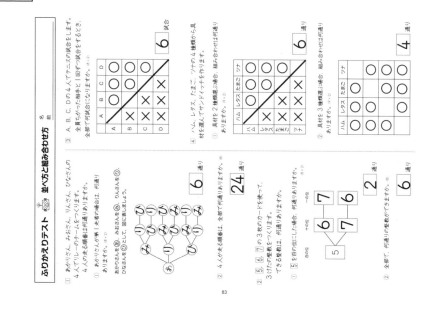

83

P.84

データの調べ方（1） 名前

① 下の表は，5年生と6年生が4月から9月までに読んだ本の冊数を調べたものです。

読んだ本の冊数調べ（5年）（冊）

① 15	⑥ 30	⑪ 17
② 20	⑦ 12	⑫ 35
③ 24	⑧ 25	⑬ 15
④ 18	⑨ 13	⑭ 12
⑤ 12	⑩ 18	⑮ 8

読んだ本の冊数調べ（6年）（冊）

① 26	⑥ 9	⑪ 39
② 20	⑦ 10	⑫ 28
③ 34	⑧ 20	
④ 6	⑨ 15	
⑤ 37	⑩ 28	

① それぞれの学年で，いちばん多いのは何冊ですか。
5年 **35** 冊　　6年 **39** 冊

② それぞれの学年で，いちばん少ないのは何冊ですか。
5年 **8** 冊　　6年 **6** 冊

③ それぞれの学年の，合計は何冊ですか。
5年 **270** 冊　　6年 **263** 冊

④ それぞれの学年の平均は何冊ですか。平均値を求めましょう。（わりきれない場合は，小数第一位を四捨五入して整数で表しましょう。）
5年 **18** 冊　　6年 **22** 冊

② ①の表の5年生と6年生の冊数は，それぞれどんなはんいにどのようにちらばっているか調べましょう。

① 5年生と6年生の本の冊数をそれぞれドットプロットに表しましょう。 **※P112に拡大あり**

② 5年生，6年生それぞれで，いちばん多い冊数といちばん少ない冊数の差は何冊ですか。
5年 **27** 冊　　6年 **33** 冊

③ それぞれの平均にあたるところに▲をかきましょう。

④ 5年生，6年生それぞれの冊数の最頻値は何冊ですか。
5年 **12** 冊　　6年 **28** 冊

いちばん多いところの目もりは何かな。

84

P.85

データの調べ方（2） 名前

● P.84の5年生の読んだ本の冊数について，全体のちらばりが数でわかるように表に整理しましょう。

① それぞれの冊数の区間（階級）に入る人数を，右の表に書きましょう。

② 10冊以上20冊未満の人は何人いますか。 **9** 人

③ ②の人数は全体の人数の何%ですか。 **60** %

5年生の読んだ本の冊数

冊数（冊）	人数（人）
5以上～10未満	2
10 ～15	4
15 ～20	5
20 ～25	2
25 ～30	1
30 ～35	1
35 ～40	1
合計	15

④ 冊数の中央値は何冊ですか。 **17** 冊

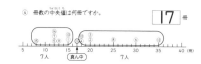

7人　真ん中　7人

データの調べ方（3） 名前

● P.84の6年生の読んだ本の冊数について，全体のちらばりが数でわかるように表に整理しましょう。

① それぞれの冊数の区間（階級）に入る人数を，右の表に書きましょう。

② 10冊以上20冊未満の人は何人いますか。 **3** 人

③ ②の人数は全体の人数の何%ですか。 **25** %

6年生の読んだ本の冊数

冊数（冊）	人数（人）
5以上～10未満	2
10 ～15	2
15 ～20	1
20 ～25	1
25 ～30	3
30 ～35	1
35 ～40	2
合計	12

④ 冊数の中央値は何冊ですか。 **23** 冊

5人　5人　20と26の平均

85

P.86

データの調べ方（4）　名前

● 下の表は，5年生と6年生の読んだ本の冊数をまとめたものです。

5年生の読んだ本の冊数

冊数（冊）	人数（人）
5 以上 ～ 10 未満	1
10 ～ 15	4
15 ～ 20	5
20 ～ 25	1
25 ～ 30	1
30 ～ 35	1
35 ～ 40	1
合計	15

6年生の読んだ本の冊数

冊数（冊）	人数（人）
5 以上 ～ 10 未満	2
10 ～ 15	2
15 ～ 20	1
20 ～ 25	2
25 ～ 30	3
30 ～ 35	1
35 ～ 40	1
合計	12

① 上の表をもとにして，5年生の読んだ本の冊数のちらばりの様子をグラフに表してみました。同じように6年生もグラフに表しましょう。

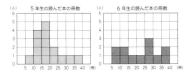

② このようなグラフを何といいますか。　**柱状グラフ**

データの調べ方（5）　名前

● 下のグラフは，5年生と6年生の読んだ本の冊数を表したものです。

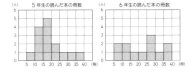

① 人数が最も多い階級は，それぞれ何冊以上何冊未満ですか。

5年　**15冊** 以上 **20冊** 未満
6年　**25冊** 以上 **30冊** 未満

② 20冊未満は，それぞれ何人ですか。

5年　**10** 人　　6年　**5** 人

③ 25冊以上は，それぞれ何人ですか。
また，その割合は，それぞれ全体の何％ですか。

5年　**3** 人　**20** ％
6年　**6** 人　**50** ％

P.87

データの調べ方（6）　名前

● 下の表は，1組と2組のソフトボール投げの結果を整理したものです。

ソフトボール投げ（1組）

記録（m）	人数（人）
15 以上 ～ 20 未満	3
20 ～ 25	2
25 ～ 30	3
30 ～ 35	4
35 ～ 40	5
40 ～ 45	1
合計	18

ソフトボール投げ（2組）

記録（m）	人数（人）
15 以上 ～ 20 未満	4
20 ～ 25	2
25 ～ 30	6
30 ～ 35	5
35 ～ 40	0
40 ～ 45	3
合計	20

① 柱状グラフに表しましょう。

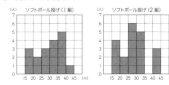

② 度数が最も多い階級は，それぞれ何m以上何m未満ですか。

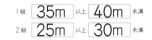

1組　**35m** 以上 **40m** 未満
2組　**25m** 以上 **30m** 未満

データの調べ方（7）　名前

● 下の表は，3組と4組の上体反らしの結果を整理したものです。

上体反らし（3組）

記録（cm）	人数（人）
40 以上 ～ 45 未満	2
45 ～ 50	4
50 ～ 55	3
55 ～ 60	6
60 ～ 65	6
65 ～ 70	1
合計	22

上体反らし（4組）

記録（cm）	人数（人）
40 以上 ～ 45 未満	4
45 ～ 50	6
50 ～ 55	6
55 ～ 60	0
60 ～ 65	7
65 ～ 70	1
合計	24

① 柱状グラフに表しましょう。

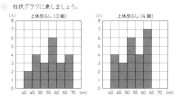

② 度数が最も多い階級は，それぞれ何cm以上何cm未満ですか。

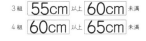

3組　**55cm** 以上 **60cm** 未満
4組　**60cm** 以上 **65cm** 未満

P.88

データの調べ方（8）　名前

● 1組と2組の反復横とびの記録を柱状グラフに表しました。

① 中央値は，それぞれどの階級にありますか。

1組　**40回** 以上 **45回** 未満

1組は全部で18人だから，真ん中にあたるのは，9人，10人の値だね。

2組　**45回** 以上 **50回** 未満

② 度数がいちばん大きい階級は，それぞれどの階級ですか。
また，その割合は全体の何％ですか。
（わりきれない場合は，小数第三位を四捨五入して％で表しましょう。）

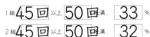

1組　**45回** 以上 **50回** 未満　**33** ％
2組　**45回** 以上 **50回** 未満　**32** ％

データの調べ方（9）　名前

● 3組と4組の立ちはばとびの記録を柱状グラフに表しました。

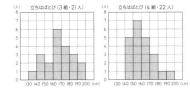

① 中央値は，それぞれどの階級にありますか。

3組　**160cm** 以上 **170cm** 未満
4組　**150cm** 以上 **160cm** 未満

② 度数がいちばん大きい階級は，それぞれどの階級ですか。
また，その割合は全体の何％ですか。
（わりきれない場合は，小数第三位を四捨五入して％で表しましょう。）

3組　**160cm** 以上 **170cm** 未満　**29** ％
4組　**150cm** 以上 **160cm** 未満　**32** ％

P.89

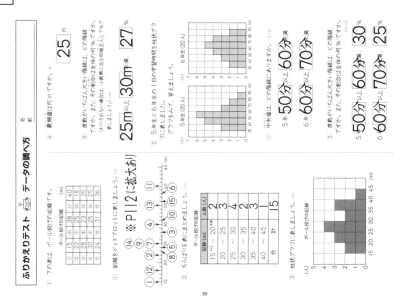

解答

児童に実施させる前に，必ず指導される方が問題を解いてください。本書の解答は，あくまでも1つの例です。指導される方の作られた解答をもとに，本書の解答例を参考に児童の多様な考えに寄り添って○つけをお願いします。

P.84

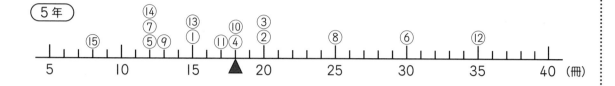

5年

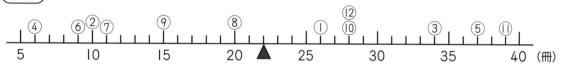

6年

P.89

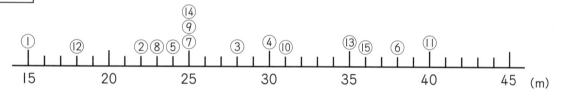

新版　教科書がっちり算数プリント
スタートアップ解法編　6年 ふりかえりテスト付き
解き方がよくわかり自分の力で練習できる

2021年1月20日　第1刷発行

企画・編著： 原田 善造（他12名）
編集担当： 桂 真紀
イラスト： 山口 亜耶 他

発　行　者： 岸本 なおこ
発　行　所： 喜楽研（わかる喜び学ぶ楽しさを創造する教育研究所）
　　　　　　〒604-0827　京都府京都市中京区高倉通二条下ル瓦町 543-1
　　　　　　TEL　075-213-7701　FAX　075-213-7706
　　　　　　HP　http://www.kirakuken.jp/
印　　　刷： 株式会社米谷

ISBN:978-4-86277-320-3

Printed in Japan